U0048880

模範領導

的養成

20個日常訓練,
讓你成為老闆信賴、
員工願意跟隨的好主管

James M. Kouzes
&
Barry Z. Posner —— 著

高子梅——譯

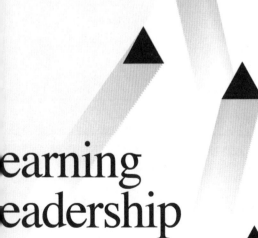

earning

eadership

E Fundamentals of
NG an Exemplary Leader

Learning Leadership
Copyright © 2016 by James M. Kouzes and Barry Z. Posner.
All rights reserved.

企畫叢書 FP2272

模範領導的養成：

20個日常訓練，讓你成為老闆信賴、員工願意跟隨的好主管

作　　　者	詹姆士‧庫塞基（James M. Kouzes）& 貝瑞‧波斯納（Barry Z. Posner）	
譯　　　者	高子梅	
主　　　編	謝至平	

編 輯 總 監　劉麗真
總 　經 　理　陳逸瑛
發 　行 　人　涂玉雲
出　　　版　臉譜出版
　　　　　　城邦文化事業股份有限公司
　　　　　　臺北市中山區民生東路二段141號5樓
　　　　　　電話：886-2-25007696 傳真：886-2-25001952
發　　　行　英屬蓋曼群島商家庭傳媒股份有限公司城邦分公司
　　　　　　臺北市中山區民生東路二段141號11樓
　　　　　　客服專線：02-25007718；25007719
　　　　　　24小時傳真專線：02-25001990；25001991
　　　　　　服務時間：週一至週五上午09:30-12:00；下午13:30-17:00
　　　　　　劃撥帳號：19863813　戶名：書虫股份有限公司
　　　　　　讀者服務信箱：service@readingclub.com.tw
　　　　　　城邦網址：http://www.cite.com.tw
香港發行所　城邦（香港）出版集團有限公司
　　　　　　香港灣仔駱克道193號東超商業中心1樓
　　　　　　電話：852-25086231或25086217　傳真：852-25789337
　　　　　　電子信箱：hkcite@biznetvigator.com
新馬發行所　城邦（新、馬）出版集團
　　　　　　Cite（M）Sdn. Bhd.（458372U）
　　　　　　41, Jalan Radin Anum, Bandar Baru Sri Petaling,
　　　　　　57000 Kuala Lumpur, MalaysFia.
　　　　　　電話：603-90578822　傳真：603-90576622
　　　　　　電子信箱：cite@cite.com.my
一 版 一 刷　2017年8月
一 版 二 刷　2020年2月

城邦讀書花園
www.cite.com.tw

ISBN 978-986-235-601-2
售價　NT$ 320

版權所有‧翻印必究（Printed in Taiwan）
（本書如有缺頁、破損、倒裝，請寄回更換）

國家圖書館出版品預行編目資料

模範領導的養成：20個日常訓練，讓你成為老闆信賴、員工願意跟隨的好主管／詹姆士‧庫塞基(James M. Kouzes)，貝瑞‧波斯納(Berry Posner)著；高子梅譯. 一版. 臺北市：臉譜，城邦文化出版；家庭傳媒城邦分公司發行, 2017.8
　　面；　公分. --（企畫叢書；FP2272）
譯自：Learning leadership : the five fundamentals becoming an exemplary leader

ISBN 978-986-235-601-2（平裝）

1.企業領導　2.組織管理

494.2　　　　　　　　　　　　　1060109

目 錄

引言
這世界需要模範領導者

　　這世上普遍欠缺領導力，意思並非指我們缺乏有潛力的人才。人才到處都有，領導熱忱比比皆是，資源也絕對充沛，本領更是不勝枚舉。

　　而是這種欠缺源於三個主要因素：人口結構的改變、訓練不夠和經驗不足，以及普遍有的心態，阻斷了人們對於領導統御的向學熱忱。

　　目前全球職場百分之二十五是由千禧世代組成（在一九八一年至一九九七年之間出生的人）。在某些國家，這個比例甚至高達百分之五十。[1] 預計到二〇二五年，全球職場的千禧世代將高達百分之七十五。但在此同時，隨著這個比例的日益增加，世界各地的組織都感受到自己並無充裕的傳承管道來填補時下和未來的需求。[2] 值得警惕的是，在最新一次的世界經濟論壇調查中（World Economic Forum survey），百分之八十六的受訪者表示當今世界存在著**領導危機**。[3] 多數公司都**極為擔心**領導人才的板凳深度。[4]（譯註：bench strength 原指場邊替補球員的實力，在這裡指的是等著上場替補的領導人才。）而人口結構的改變也使得模範領導者供不應求。[5]

如果市場對領導力養成的需求很大，何以傳承管道幾近是空的？這可以從擅長領導力研究的學者傑克‧詹勒（Jack Zenger）所做的調查得到部分答案。他檢視全球資料庫裡受過領導力訓練的學員資料，發現平均年齡是四十二歲。然而這個資料庫裡的主管平均年齡是三十三歲，「由此可見，」他公布道：「如果他們是等到四十二歲才接受領導統御訓練，表示在當主管的期間，是沒有受過這方面訓練的，也就是說有長達十年時間，都是在沒有受訓的情況下從事公司的經營管理工作。」[6]

你會找沒受過訓練的醫師治病嗎？你會准許沒受過訓練的會計師查核公司帳冊嗎？或者說，你會雇用沒受過訓練的工程師設計一輛全新的無人駕駛車嗎？當然不會。所以你怎能允許沒受過訓練的領導者直接上場？

除此之外，還有另一個令人警惕的因素助長了領導力欠缺與準備不足的現象，那就是全球各地的人都對領導者的信任度呈現下滑趨勢。根據愛德曼全球信任度調查（Edelman Trust Barometer）——很有公信力的主要機構及其領導者可信任度年度調查——「在知情的公眾裡頭，擁有可信制度的國家數量降到了空前谷底。而在一般大眾當中，信任赤字甚至更為顯著，幾近三分之二的國家落入不被信任的類別裡。」[7] 世界各地人士越來越不信任自己的領導者，難怪出現領導危機。

儘管大家都在強調領導力的養成以及市場對優秀領導人才的殷切需求，但組織本身——包括政府單位和學校——卻沒把錢花在刀口上，反而是說一套、做一套。這是一個全球關注的沉痾問題。

但對那些決定帶頭改變的組織和個人來說，卻是絕佳的機會點。

　　我們之所以動手寫這本書，就是著眼於這樣的機會點。三十五年來，我們始終致力於領導力的研究與寫作，甚至花費更久的時間從事領導者的培育工作。但我們還是看見市場供需之間等著填補的缺口越來越大。我們希望能繼續提供一己之力，不只是幫忙縮小缺口，也會以行動支持，為這個世界創造出更多優秀的領導人才。

領導心態

　　研討會上，我們一直問學員這個問題：「你們當中有誰認為自己是領導者？」通常在五十人的團體裡，只有六個人會舉手。換言之，雖然他們都是為增進領導力而來，但只有百分之十的人認定自己是領導者。或許大家只是謙虛，認為若是自稱領導者恐怕會讓人覺得傲慢、愛吹牛。也許吧。但我們還是覺得沒那麼簡單。有關領導力的迷思始終存在，以致於大家都不願聲稱自己有領導力。就好像領導力這種東西很了不得，只有具有特殊天分的人、含著金湯匙出生的人、天生有領袖魅力的人、肩負使命的人、有地位的人或者有頭銜的人才能具備。這種看法創造出一種無形的障礙與受限的心理，害得很多人不敢挺身而出。

　　我們曾訪談過多位在個人最佳領導力實務經驗上成績斐然的領導者，黛比・柯爾曼（Debi Coleman）是其中之一，也是我們曾在之前著作《模範領導》（*The Leadership Challenge*）首版裡援引的第一位領導者。當時黛比任職副總裁，負責蘋果電腦的全球生產業

務。在訪談中她說：「我認為好的人才理應得到好的領導。所以我旗下的員工也理應得到全世界最好的領導。」[8]如今黛比是創投公司智慧森林（SmartForest Ventures）的經營合夥人，也是多家董事會的董事。再度找上她的時候，我們發現她對領導力的看法一如三十幾年前第一次訪談所言。

黛比展現出所有模範領導者都有的精神。他們全力施展出最佳的領導力，因為他們堅信這是人們應得的。想必這也是你最希望你的領導者可以給你的東西。如果你相信目前在你領導下的人以及未來你會領導的人都理應得到全世界最好的領導，而市場上也越來越需要領導者在質與量方面的提升，那麼你當然應該盡所能地成為最好的領導者。而第一步就是領導心態的培養。你不必為了成為最好的領導者而被動等待任何一個組織提供課程，也不必等別人給你許可或者什麼特殊資源。這就像《綠野仙蹤》（*The Wizard of Oz*）裡的桃樂絲和同伴們所發現的道理一樣，原來你早就具備了模範領導者所需要的一切條件。

這也是我們寫這本書的另一個原因，我們想要設法解決和糾正，在學習當一名模範領導者的這個議題上，世人普遍存有的迷思與錯誤觀念。

學習成為一名模範領導者

在做了三十多年的研究之後，我們清楚知道**你**完全有能力領導。你可能沒有意識到，也可能根本不相信。但這是千真萬確的，

對世上百分之九十九點九九九的人來說是千真萬確的（我們會在後面的章節說明這個統計數字的由來）。我們已經知道如何在自己身上以及生活和工作環境中創造出所需條件，讓你超越今天的自己，成為優秀的領導者，而這本書的大半目的就是要跟你分享這個知識。

我們會證明你絕對可以透過學習脫胎換骨，成為優秀的領導者，前提是你相信自己、有遠大的志向、願意自我挑戰與成長、肯爭取他人的支持，以及審慎地練習，在每一章我們都會分享一個攸關模範領導開發的重點訊息。

《模範領導的養成》（*Learning Leadership*）有七個單元。第一單元談的是基礎原則，以此為基調提供背景脈絡，討論人們必須做什麼，才能成為更優秀的領導者。我們會提到各種有礙培養領導力的迷思與先入為主的觀念；要成為模範領導者的五個基礎原則；領導力至關緊要的證據何在；以及何以說你已經出現領導的行為，只是出現的頻率還不夠多。

在第二單元裡，我們會討論第一個基礎原則裡的基本要素：相信自己辦得到。我們強調的是，你必須堅信自己的能力，而且相信領導力是學得會的。我們會證明學習是最重要的技巧，領導力是由內形成的。

第三單元討論第二個基礎原則：追求卓越。這單元會談到認清自己的重要性，還有你必須知道什麼對你來說是重要的。如果你連自己都不了解，又如何領導他人。此外，對於未來的事情，你必須關注。今日的你跟未來的你並不一樣，你的支持者也是如此。另外

我們也會指出，領導力其實是一種人際關係，並非單純屬於領導者的個人抱負，你要去認識和欣賞你的支持者。

第四單元探討想成為模範領導者的第三個基礎原則：自我挑戰。這單元會討論到為何挑戰對學習來說非常重要？在自我的開發上，你必須主動出擊。過程中出現一些挫敗經驗在所難免，需要靠你的恆毅力、勇氣和適應力才能在這條學習之路上堅持下去，盡你所能地成為出色的領導者。

第五單元談的是第四個基礎原則：爭取支持。我們會在這裡明白指出，成就卓越的人在奮鬥的過程都曾得到許多人的支持與指教。領導者需要他人的建言與忠告、關心與支持，無論來自家人、上司或專業教練。要學習領導力，便得先建立起各種資源網絡。此外也需要別人的意見回饋，才知道自己的進展與成長狀況，以及需要補強的地方。

第五個基礎原則——審慎的練習——是第六單元的重點。在這個單元裡，我們會談到要精通領導得花時間練習技巧。光是擔任領導者角色還不夠，你必須設定目標、參與各種經過設計的學習經驗、尋求意見回饋並接受指導。此外，你必須每天都騰出時間學習領導力。

《模範領導的養成》第七單元談的是意志和方法。我們會用一整章的篇幅來總結這本書，概述幾個重點訊息，並解說何以全力以赴地將學習貫徹到底是如此重要。而這要靠你的行動來證明，不是只靠行動的決策而已。此外，我們也強調，領導者必須正向樂觀、充滿活力、始終懷抱希望。因為在艱困的時候，這些都是能起帶頭

模範作用的關鍵因素。

誰該讀這本書

　　我們在寫這本書的時候，始終把新崛起的領導者擺在第一位，包括有志於領導的人、剛開始擔任督導的人，以及為了達成目標而必須找他人合作、做出必要影響的人。我們希望在你開發領導者的自我概念和認清領導力的真正含義時，本書能成為你的實用指南。我們希望提供架構來幫助你打造環境背景，並樹立起一套有助於你成長和發展的信念。

　　除此之外，《模範領導的養成》對領導力開發者、公司內外部的講師、專為客戶培訓下一代領導人才的輔導人員，以及自覺有責任或有需要去幫助他人發揮所長的人而言，都非常具有價值。這當中包括各階層的主管和經理人。下一代領導者如果想要出類拔萃，帶領組織更上一層樓，就需要你的智慧和經驗傳承。

　　最近的研究顯示，超過百分之五十的年輕人想成為組織裡的領導者，只不過他們不必然是以傳統的角度在看待組織這種東西。我們知道，他們追求的是挑戰性任務，他們願意賣力工作，但他們最怕組織裡「缺乏專業的成長機會」。[9]他們的留職意願多半是看領導力開發者與經理人能否為回應他們的需求來決定。

如何使用這本書

我們希望你能**好好利用**本書,而不是光閱讀而已。為了達到這個目的,我們把本書分成幾個小而美的短篇章節,方便通勤時閱讀,也可以趁一天當中小憩時翻閱,或者夜裡當你想花點時間思考自己該如何提升領導力時拿出來讀。此外,每一章最後面都有自我訓練行動。那是你花幾分鐘就能辦到的事,但你也可能會等到較有空時才回頭來做這些事。大部分的這類作業,我們都會強烈建議你寫在一本領導日誌裡。用日誌記錄已經證明是非常有效的學習工具,能大大協助你牢記各章的所學知識。你的日誌可以是活頁筆記本,也可以是新潮的數位工具,比如平板電腦或桌上型電腦裡的電子檔案。你可以把你的反省結果、回應內容、經驗和所學教訓全記錄在裡頭,而且隨身攜帶。因為我們覺得你一定會一而再、再而三地想回頭參考。

試讀過本書的人都告訴我們書裡有好多事情要做。我們同意他們的說法。這聽起來似乎很嚇人,但其實不管你學的是什麼技術,若想要進步就得不斷練習,道理是一樣的。世上沒有任何專業技術可以現學現會。這些概念的實踐都需要花時間,而對模範領導者來說,他們相信這是一趟終生學習之旅。

請照著你自己的步調,畢竟每個人的學習作風不同。你可能想先讀完所有內文,再回頭實踐那些自我訓練行動;又或者你可能想一次只讀一個段落,花幾個禮拜甚至幾個月的時間來讀這本書;抑

或你想逐章進行那些訓練作業。儘管照你覺得有效的方式來活用書中的點子。重點在於領導力的學習需要練習，而練習需要花時間。如此一來你才能透過學習脫胎換骨，成為更優秀的領導者。

最後，請對自己慈悲一點。如果你是真的想成為更優秀的領導者，願意投入時間和精神，也別忘了要保重自己。按照你自己的步伐來走，這就像鍛鍊肌肉一樣不可能一蹴可幾，練習之餘也要充分休息。同樣道理，你給自己的建議或者給別人的建議，不可能第一次就正中靶心。一定會有挫敗的時候，所以務必要為自己建立一套內在甚或外在的支援系統，才能幫忙你在領導之旅的這一路上克服各種無可逃避的失誤與挫敗。你也許會輸掉幾場仗，但眼界一定變得更遠。

這個世界需要模範領導者，而且需要的是各個層面和各種職能的模範領導者。你的支持者及同僚都需要你竭盡全力地成為最優秀的領導者，他們需要你在領導的時候呈現出最好的一面。他們不只需要你是今日的模範領導者，更需要你成為明日和未來的模範領導者。希望本書能為你的模範領導養成之路帶來啟發與見識。

詹姆士・庫塞基寫於加州奧林達（Orinda, California）

貝瑞・波斯納寫於加州柏克萊（Berkeley, California）

二〇一六年四月

學習領導力的幾個基礎原則

領導潛能這種東西並非專屬於某些人才，它的分布其實比傳統觀念想像得還普遍。你本來就具有領導本領，只是一些常見的迷思和先入為主的觀念，有礙你盡其所能地成為最優秀的領導者。要成為模範領導者，必須先拋開迷思，活用這些基礎原則，方能學習成為領導者。

領導力是必要的，因為它會大幅影響人們的投入程度、承諾度與績效表現。培養出你的領導能力，將有助改善你周遭人士對所在職場的感受，促進組織生產力。此外，學習成為一名更優秀的領導者，也有助提升你對自我價值和意義的感受。

我們的研究顯示，全套的領導力實務練習與模範領導關係密

切，而這些練習都在每個人的能力範圍內。困難的地方在於你必須慢慢增加這些練習的頻率，以便在運用上可以更自信和得心應手。

在接下來的三個章節裡，我們將探討以下幾個跟模範領導者養成有關的主題：

- 領導者是天生的，你也是天生的領導者。
- 有領導力才能發揮影響力。
- 你已經出現領導行為，只是頻率還不夠多。

第一章
領導者是天生的，你也是天生的領導者

　　我們從事了三十幾年模範領導的演說和寫作。這三十幾年來，我們最常被問到的問題不外乎是：「領導者是天生的（born）還是後天的（made）？」也許你也想問同樣的問題。

　　我們對這問題的答案始終如一：我們從來沒遇過不是「天生」的領導者。我們也從沒遇過不是「天生」的會計師、藝術家、運動員、工程師、律師、醫師、科學家、老師、作家或動物學家。

　　你可能會認為：「這樣說不對哦，這句話有語病，我們每個人都是從娘胎生出來的（譯註：born 具有『天生的』和『生出來的』雙重意思）。」這就是我們的重點。我們每個人都是從娘胎生出來的，所以每個人都有潛質可以成為領導者 —— 包括你在內。要成為更優秀的領導者，就不應該問：「我能發揮影響力嗎？」而是應該反問自己一個更嚴苛、更有意義的問題：「我要怎麼做才能發揮出我想要的影響力？」

　　順道一提，從來沒有人問過我們：「經理人是天生的還是後天的？」

　　我們把話從頭說清楚好了。領導力不是某種只有少數人才有的神祕特質，也不是天生注定的，更不是一群特殊階層、獨具領袖魅

力的男男女女的私藏品。領導力不是來自於基因,它不是一種人格特質。沒有確鑿證據證明領導力只烙印在某些人的DNA裡,別人都沒有。

我們蒐集世界各地幾百萬人的評估數據,所以敢大聲告訴大家,各行各業、各組織、各個宗教、各個國家都有領導者,老少都有,男女不拘。有一種迷思說領導力是學不來的⋯⋯要嘛你有,要嘛你沒有。但我們在各地方都看得到領導潛能。

「領導者是天生還是後天的?」這個將先天與後天做比較的老套論述,無助於釐清一個你必須回答的重要問題。這個更重要的問題是「你和那些共事的人,能否超越今天的你,成為更優秀的領導者?」這個答案你可以大聲地說:「可以」。

有些人的論調是,不是每個人都有領導潛能,也不是每個人都有本事學會領導。這是因為大家對領導力有一些迷思、誤解和穿鑿附會,以致於阻礙了各階層領導者的養成。所以在這條模範領導者養成之路的首要挑戰之一,就是先克服這些民間傳說和穿鑿附會。它們會助長一種與現實生活中的領導者運作方式完全背道而馳的領導模式,此外也會製造出不必要的阻力,妨礙我們的組織和社群的振興。

在我們檢視任何證據和例子來證明某些心態有助於像你一樣的人成為更優秀的領導者之前,我們得先解決幾個無稽之談,因為它們會害大家以為自己絕對拿不出領導力,也無法成為領導者。總共有五個迷思會阻礙我們去學習領導,加深我們對領導力的誤解。

天分迷思

天分迷思已經在培訓產業裡盛行多年，有些人甚至開始視它為新的信仰。只要你不辭辛勞地認真尋找，一定會找到最具悟性又最棒的人選，然後把他們放在既有的領導位置上，問題就迎刃而解。不需要訓練，只要找到對的人就行了。唉，我只能說祝你好運。

大家都高估了天分這種東西。[1]佛羅里達州立大學教授安德斯‧艾瑞克森（K. Anders Ericsson）是「傑出表現」的權威專家，他和他的同僚經過三十幾年的研究，發現就算是天生人才也不見得能成為頂尖高手，不管是在運動、音樂、醫藥、電腦程式、數學或其他領域都一樣。天分絕非卓越成就的關鍵。[2]哥倫比亞商學院（Columbia Business School）的海蒂‧哈沃森教授（Professor Heidi Grant Halvorson）曾研究過成功的必要條件以及人們實現目標的方法，也得出類似結論，她認為太過強調天分、聰明才智和先天能力，其實是害處多過於好處。[3]誠如她所指出，「擅長（being good）」和「進步（getting better）」是有天壤之別的。

領導力不是一種要嘛你有、要嘛你沒有的天分。事實上，它不是**天分**，而是一套觀察得到、學得會的技巧與能力。領導力就像任何其他技能一樣遍布。

這三十多年來，我們何其有幸地研究過成千上萬個普通人的事蹟，他們都曾帶領他人成就非常之事。[4]這類事蹟與例子數以百萬計。認定只有少數具有天分的人才能施展領導力的這種想法，會比

任何迷思都來得更容易扼殺領導力的開發。它會害很多人不敢嘗試，更別提想要有出色的表現了。

要超越今日的自己，成為更優秀的領導者，你要做的第一件事就是**相信自己可以**是更優秀的領導者，你可以透過學習來提升自己的領導技巧和能力。如果沒有這層信念，再多的訓練和指導都無濟於事。

地位迷思

這個迷思會把領導力與階級地位聯想在一起。它認定當你位高權重時，自然就是一位領導者。它甚至認定領導力是一種頭銜，如果你沒有任何權威頭銜，你就不是領導者。在它看來，領導力是很了不得的，好像一聽到就要立正站好。

每一天，大眾傳播媒體和社群媒體都在不斷強化這個迷思。人們透過文字和言論來告知大眾，某家組織的經營狀況最近之所以好轉是因為執行長做了什麼，或者某家新成立的公司之所以價值數十億美元，都是拜其創辦人之賜。說得好像只有那些最高層的人，或者最上位、最有特權的人，才有辦法成就非常之事。這根本是胡說八道。

事實並非如此。領導力不是一種階級、頭銜，也不是一種地位。你查一下英文字典，就會發現領導力的英文「leadership」並沒有特別了不得，第一個字母跟字典上其他單字一樣是小寫字體，[5]而且lead的字面意思來自於古英文的一個單字，意思是「前進」或

「指引」。這也正是領導力的含義：往目標前進和引導他人。你可能是執行長，但更有可能是為人父母、教練、老師、第一線員工、基層經理、志工或社會激進主義分子。學過歷史的學生都知道，那些曾經改變世界的運動都是由沒有頭銜、沒有地位或沒有職務任期的人所發起和帶領的。而且事實上，已經爬上高位的人不是在爬上高位後才開始發揮領導力，而是一路學習領導技巧，慢慢爬上去的。再說，你不一定要站上最高層才能發揮領導力。你可以從各個面向去施展你的領導才能。領導力看的是你做了什麼，而不是你坐在什麼位置上。

領導關乎的是你所採取的行動，而不是你所在的職位。重點在於那些引導你做出決策和行動的價值觀，也在於你為自己和他人所創造的願景。要成為模範領導者，第二個基礎原則是你必須**追求卓越**。你必須瞄準更偉大的目標、嚮往更美好的境界、追求更崇高的理想。你要有一套準則來引導自己，同時也轉化和提升他人，讓他們也能成為最好的自己。

長處迷思

以領導力為主題的古代文獻常在尋找受眾神垂愛的英雄（具有領袖魅力的英雄），再不然就是歷史偉人的那一套（更受限於性別歧視）。這些都在在顯示出，人們一直在找一套公式或一種萬能魔法來解釋成功的領導力。而目前最吸引人的說法是用長處的概念來解釋。

　　你若硬要說某些任務需要靠某種技術、知識和態度，才能表現得更好，好像也沒錯，不管這任務指的是業務、工程、護理還是顧客服務。目前為止，這些聽起來都無可厚非。只是這種長處的說法已經被誤用成你只能接下你所擅長的工作，別浪費時間因為自己的不擅長而得收拾善後，別去碰非你個人所長和天生就會的東西，你或組織應該把那些工作指派給其他人。

　　並非倡導大家不應該發揮自己所長，也非主張在工作和生活其他領域發揮所長不會比較快樂、成功。這裡的意思是說，太強調自己的長處，反而會徹底攔阻人們挑戰自我，成為更優秀的領導者。他們變得只會攤手表示「唉，展望未來不是我的強項，我一定做不來的」，或者「我這人不太習慣讚美別人的成就，所以還是別費工夫了」。第一，不願聽別人對你非所長的領域提出任何指教，其實牴觸了許多針對學習所做的研究調查結果（這部分我們稍後會補充）。第二，在還沒開始嘗試之前，或者在首度嘗試但結果不如預期時，便決定放棄，其實是很消極的做法。最後一點是，這種想法不切實際。因為組織不可能每次碰到有人犯錯，或者只要出現現職者技術上一開始應付不來或者沒有能力處理的新挑戰，就馬上換人接手。

　　我們研究了這麼多年的領導力，一再發現到在最佳個人領導經驗故事裡，從來都不缺逆境和沒有把握的事情（會在第三章進一步說明）。一般來說，這些逆境和沒有把握的事都是他們從沒遇過的挑戰。這是真的，因為模範領導者養成教育的第三個基礎原則就是**挑戰自我**。一般人在面對自己從沒接觸過的事情時，會去學習新的

技能，克服眼前的不足，突破原有的侷限。他們會犯錯，甚至可能覺得自己力有未逮。所以如果大家只做自己擅長的事情，就可能不會去挑戰自我或自己的組織。要想發揮潛力，便得尋求全新的經驗，做從沒做過的事，不怕犯錯，從錯誤中學習教訓。挑戰對領導力和學習來說，都是很重要的刺激因素。

凡事靠自己的迷思

　　沒有人可以獨自成就非常之事。若不是靠組織裡每個人的互相信任、團隊分工、各自發揮所長、使出看家本領，領導者絕不可能做出突破性的創新設計、製造品質一流的產品、保障財務的健全、打造出很棒的工作職場。領導力是一種團隊運動，而不是個人表演秀。

　　但民間的傳說總是把領導者描述成英雄，認為他們會吸引一群勇往向前的追隨者，或者將領導者形容成天生反骨，不顧一切地逆天而行，無視傳統慣例，勇往直前。也有一些迷思會搬出具有預知能力的夢想家，他們具有像梅林一樣的法力，可以拯救王國、公司、產業或國家。這些全都有一個信念在貫穿，那就是領導者一定是一個凡事靠自己的超人類。他們能照顧自己，不靠別人的幫忙就能把事情打理好。他們獨立自主，從來不懷疑自己的能力，也從來看不出他們需要任何人的支持或協助 —— 他們不動聲色、不費吹灰之力。但這全是胡說八道。

　　雖然對自己的能力有信心，相信自己可以面對和處理各種挑

戰，這何嘗不是件好事，但真正厲害的領導者都知道他們不可能單憑己身的力量。他們很清楚自己需要別人的支持、參與和全力以赴。不知道你們有沒有注意到一個有趣的現象，世界級的運動員都有指導教練，而且不只一位教練。這些教練都備受推崇和尊敬，每逢頒獎的時候，運動員都會對他們的教練致上謝意。可是你鮮少聽到領導者承認自己曾受過指導，更別提現在是不是有人在指導他，更不曾聽見他們大肆宣傳自己參加過什麼技術養成的培訓計畫。他們可能以為招認會被人認定能力很弱。可是就像領導者不可能獨力成就非常之事一樣，他們也不可能單憑己身力量就讓自己成為模範領導者。這也是為什麼第四個基礎原則是，在你的學習和成長過程中，一定要**爭取支持**。

「這一切來得理所當然」的迷思

天分和長處迷思，推論到最後，必然是領導力理所當然是最擅長領導的人才具有的。大家總是崇拜那些表現從容的人，並把這種從容歸因於天生的能力。無論他們是舞台上的表演者、球場上的運動員或是組織裡的領導者，反正大家就是認定這種一派輕鬆所展現出來的成果必定是不費吹灰之力就能得到的。不可否認少數人的確如此，但對絕大多數人而言，根本不是這麼回事。

稍早前引述過的安德斯・艾瑞克森也提出同樣論點，他說：「要達到專業級的表現，先決條件是持續不懈的訓練和努力，可是在多數人理解這一點之前，他們還是會認定成果不佳必定是因為缺

乏天分，於是無法全力施展自己的潛能。」[6]

安德斯和他的同僚已經從研究中發現到，要成為頂尖表現者，天分這種東西並非是唯一的必要條件。就算是擁有驚人的高智商，也不代表日後的成就表現就是頂尖的。專業級表現的人和表現不錯的人這兩者高下立判的差別其實是在於前者會全心投入，每天不間斷地練習，求取進步。所以真相是，最優秀的領導者之所以優秀，是因為他們努力學習，每天花無數個小時不斷練習。因此要成為模範領導者的第五個基礎原則是**刻意練習**。

若是向那些有志於領導的人指出這一點，他們的反應通常是：「我沒有時間練習欸。我一天工作時間已經十到十二小時了，根本不可能再另外多花兩個小時去練習領導技巧。」我們也同意你的一天行程已經滿到不能再擠出任何時間。但是訣竅就在於找到方法，把你的組織轉變成練習場而不是競技場。你可以想辦法將你跟他人的互動構築成一種有意為之的例行練習。練習是學習的前奏。這裡的基礎原則是，你必須花相當程度的工夫去學習領導，把領導力練就到看起來像是不費吹灰之力便能使出來。若無意外的話，你越是勤快練習，成果展現就越顯得從容自在。這也是為什麼有人說，業餘的會覺得這工夫看起來很難，但專業級的看起來就很輕鬆自在。

✎ 重點訊息和行動

　　這一章的重點訊息是：領導潛能和技巧並非是專屬某些人的天分。它們其實比傳統的說法還要更普及於每個人的身上。你本來就具有領導的本領，只是被一些普遍盛行的迷思以及先入為主的觀念給阻攔，才無法竭盡全力地成為最優秀的領導者。我們會在這本書裡，一起面對這些錯誤的觀念，學會五種可以加以運用的基礎原則來打破迷思，強化你的領導本領，發揮影響力。

自我訓練行動

　　本章一開始我們就提出一個問題：「你和那些共事的人，能否超越今天的你，成為更優秀的領導者？」你要確認自己的答案是肯定的，然後大聲地說或者默默告訴自己：「我一定可以超越今日的我，成為更優秀的領導者。」每天都這樣告訴自己，每天都要這樣自我肯定。

　　接下來你要開始寫領導日誌，它會是你在這趟領導力養成之旅上經常會用到的東西。麥基爾大學（McGill University）管理學教授南西・歐爾德（Nancy Alder)發現到，若想從自己的經驗裡汲取各種所學到的見識，最好的方法就是每日反省。「根據研究（包括我自己和其他人所做的研究）以及以顧問和國際管理學教授身分與全球企業領導者多年共事的經驗，」她說道：「我建議的做法很簡單，就是定期寫日誌。」[7] 所以去買本筆記本或者在電腦或平板電腦裡開個新檔案，記下你每日的反省結果。在這本書裡，我們也會不斷要求你寫下一些想法和意見，讓這本領導日誌變成你會不只一次回頭參考的經驗範本。[8]

　　你的第一份領導日誌作業是，寫下三個你很想要改善的領導力面向。可能是強化某件你現在做得還不錯的事情，或者是某個非你所長的領域，但你覺得有必要改進。

先選定一個領域起頭。如果是想請別人提供意見回饋，那就想一想有哪些方法可以透過意見的回饋讓自己變得更好，把它們全寫下來。先別擔心這些方法實不實際，先動腦幫自己列出一份清單。

接著從清單裡挑出一些你做得到和會去做的事，然後找一位你信得過的同事或朋友來監督你。告訴對方你的計畫是什麼，請他每天問你：「你做到你要求自己的事了嗎？」

反正你早晚都得做，所以何不趁現在呢？

第二章
有領導力才能發揮影響力

　　據說只有三件事情會在組織裡自然發生：摩擦、困惑和表現不佳。至於其他事情都得仰賴領導力。[1]

　　先回顧一下你自己的經驗，應該就能領會何謂「其他事情都得仰賴領導力」這句話的含義了。你的第一手經驗告訴你，領導力是可以發揮影響力的，因為你曾經和一些可以激發你潛能的領導者共事過，也跟其他人共事過，他們只要求你照他們說的來做就夠了。

　　我們請教過成千上萬的人對曾經共事過的最佳領導者和最糟領導者的看法。我們會再接著請教這個問題：你覺得這些領導者能各自激發出你多少比例程度的才能（技術和能力，以及時間和精力）？然後我們請他們就一到一百的比例數字來表達。

　　當受訪者覺得他們碰到的是最糟糕的領導者時，這個比例數字就會介於百分之二到百分之四十之間，平均值是百分之三十一。受訪者指稱，在遇到最糟糕的領導者時，他們只會使出三分之一都不到的才能。很多人會繼續努力工作，但只有少數人會在工作上盡全力發揮所能。離職訪談也透露了類似訊息──與其說他們是離開公司，倒不如說他們是在切斷與上司的關係。一項蓋洛普調查顯示，百分之五十的人會在事業生涯的某個時點，因為想擺脫上司而

離職。[2]

　　這種悽慘的狀況與受訪者在遇到最棒的領導者所得到的經驗恰成鮮明對比。因為他們起碼有百分之四十的才能會被最棒的領導者激發出來，請注意這個下限恰好是遇到最糟領導者的上限。事實上，很多人都宣稱遇到最棒的領導者時，他們所發揮出來的才能不只百分之百。我相信你也知道從數學的角度來說，一個人所發揮的才能不可能超過百分之百。可是受訪者們還是搖搖頭地說：「不，他們真的有辦法讓我使出連我自己都想不到的本領，或者辦到我不可能辦到的事。」最棒的領導者對才能的激發程度，平均是百分之九十五。

　　最糟糕的領導者和最棒的領導者之間有一個明顯的差異。誠如圖2-1所示，最棒的領導者對才能、活力和熱情的激發程度都是對照組的三倍。

　　顧問公司Moves the Needle的業務經理艾米利亞·克拉萬（Amelia Klawon）在談到領導者的行為如何影響屬下對現有工作能力的自信心時，就對這些數字又做了深入補充。她的解釋是：「我上面有幾個人會微觀管理我的事情。他們很會批評，卻很吝於讚美。於是我開始變得小心翼翼，對這份職務的工作能力以及隨後幾個職務都越來越沒信心。直到我換了一個很相信我的老闆，這個老闆很鼓勵我，也會給我空間讓我去接受挑戰和帶其他人，一切才開始改變。差勁的領導力帶來的害處很大，會對一個人的自信和表現造成長遠傷害，不是那麼容易修補或可以很快修補的。」

圖 2-1
最優秀的領導者在激發他人的才能上，比最糟糕的領導者多兩到三倍

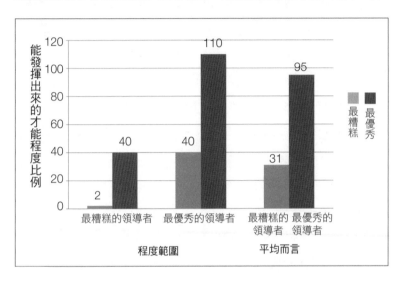

這個說詞證實了領導力具有影響力，可能負面也可能正面，但絕對會造成影響。領導力的影響所及包括人們的付出程度、去留意願、願不願意再多做努力，以及個人的主動性與對責任的承擔度。糟糕的領導者會在這些地方造成遏阻作用，模範領導者則完全相反。你想藉由你的領導力發揮什麼樣的影響？決定權在你手裡。

領導力與投入程度

近來有很多報告談到員工的投入程度以及領導力對個人福祉及組織生產力的影響。我們在研究裡發現，領導者的行為方式是影響

職場員工自覺投不投入眼前這份工作的最大變數。[3] 從超過六十五萬名下屬級員工的匯報資料所進行的多元回歸分析顯示，影響員工對工作投入程度的變數，近百分之三十七來自於他們有多常看見自己的上司在行為上展現出領導力──特別是模範領導的五大實務要領（我們會在第三章時加以介紹）。[4]

難道這種投入程度不能用其他的個人因素和組織因素來解釋嗎？答案是不能。像年紀、教育程度、性別、職務領域、階級、產業別、公司年資、組織規模或者國籍等這些因素加總在一起，對個人投入程度的影響變數來說至多占了百分之一裡的十分之一而已（也就是百分之零點一）。表2-1比較了人口與領導力在各國的投入程度。顯然身為領導者的你所展現的行為舉止比什麼都來得重要。

有太多證據證明，無論在何種環境下，領導者的行為舉止都影響甚鉅。譬如老師們在行為上所展現的領導力對課堂成效和學生成績有何影響？研究人員發現，「學生會一面倒地正面回應那些能在教室裡施展領導力的老師」，對學生的反應、行為和學習來說，老師的領導力扮演了很重要的角色。[5] 針對全明星棒球選手的領導技巧所做的研究調查得出的結論是，不管你是「坐在會議室豪華辦公椅裡的律師團成員之一，或者坐在更衣間松木長板凳上的棒球隊球員，這些都不重要。無論受訪者是律師還是郵件收發員，是全明星球隊裡的外野手還是負責撿球棒和遞球棒的小球童，這些也都不重要──重要的是他們的行為方式。」[6] 卡蘿琳・王（Caroline Wang）在美國境內和亞太區的工作經驗超過三十年，是中國三家跨國公司董事會的成員，她的說法是：「說到領導力，重點不在於

領導者的個性，而是領導者這個人的行為方式。」

表2-1

領導力的實踐與人口統計在各國的投入程度百分比

國家	領導力	人口統計
澳洲	37.0%	0.3%
巴西	34.0%	0.5%
加拿大	34.0%	0.5%
中國	54.4%	0.3%
埃及	41.9%	3.8%
法國	34.1%	1.9%
德國	39.3%	0.2%
印度	45.2%	0.5%
印尼	42.6%	1.0%
愛爾蘭	46.9%	1.3%
以色列	39.3%	1.5%
義大利	33.4%	2.1%
日本	42.9%	1.3%
紐西蘭	36.5%	0.7%
菲律賓	29.9%	1.0%
俄羅斯	49.4%	0.3%
沙烏地阿拉伯	47.4%	0.4%
新加坡	39.8%	0.9%
南非	36.9%	1.0%
南韓	54.7%	0.8%
英國	33.9%	0.4%
美國	36.0%	0.1%

領導者的行為方式決定了屬下在工作職場上的投入程度，這一點理所當然。但你可能萬萬沒想到，領導者本身的行為也會影響他們自己對工作職場的感受。我們把用在屬下的那套調查方法套用在領導者身上，請他們回答對工作職場的投入程度。得到的結果是經常展現出模範領導者行為的受訪者比那些自稱較少展現領導力的人，更能感受到自己對工作的肯定與投入程度。在針對某全國性青少年體育組織的志工進行研究時，也發現類似結果。越是指稱自己有施展領導力的志工，對組織和自身的經驗便越是認同和自豪。[7]這結果應該不令人意外。花越多心力幫助他人成就非常之事，便越是認同自己所做的工作和所在的組織。

當人們回想自身經驗時，便越會清楚領導者的行為方式對他們自己以及周遭人士是會造成影響的。領導力會大幅影響人們的努力意願，甚至讓他們的表現超出預期。當這種事發生的時候，不僅你受惠，其他人也都能受惠。

領導者不一樣，但領導力是一樣的

對領導力來說，沒有什麼單一的模式或明顯的人格剖析可以代表。領導者形形色色，沒有一定長相或風格。你獨一無二，無須像任何人，只要做你自己。

你會在公家組織和民營組織找到領導者，從大公司到小公司，從新興產業到成熟型產業，從低技術到高科技，從城市、社區、鄰里到猶太教會堂、教堂、寺廟和體育隊伍。甚至會在績效不彰、表

現欠佳的組織裡找到一些領導者。

決定領導者和非領導者的分野，不在於外表（外在），而是內在。領導力不是組織裡的一個職務或位子。它沒有特定的工作內容說明。我們向班上學員介紹某位資深主管的某次經驗或許可以用來證明這一點。那位主管先謝謝我們的介紹，然後開口說：「那是我在這家組織的頭銜和職位，但是無法讓你們知道我是誰。」接著他開始解釋他在哪裡長大，他的家庭背景和教育過程，以及這些經驗如何影響他。然後他又補充：「我這個人與我的職務並不相等。」同樣的，領導力與你的職務也不相等。

每位領導者因個人本質不同而各有差異。但每位領導者也因為共同擁有有別於非領導者的確實技術、能力和思維模式而多少類似。你必須先認清自己的本質——這是最基本的要求——然後你必須知道模範領導者要做什麼事，以及他們對盡全力成為最佳領導者這件事有什麼想法。

我們想要強調的重點是，領導行動和作為在各種背景和環境下都能發揮影響力。從我們的研究裡所汲取到的重要經驗是，有效的領導者會比那些成效不彰的同僚更能經常展現出模範領導者的行為。雖然每個人的行為展現方式或有不同，但為了提升同仁的投入度和績效表現，領導者一定會更頻繁地施展領導作為。

拿那些在衣索比亞、印度、巴基斯坦和菲律賓為同一家衛生保健組織效力的領導者的影響力為例，從領導者自己的角度和屬下的角度所進行的跨國性實證分析以及各國國內的實證分析來看，雖然這些領導者在各國運用模範領導五大實務要領的頻率次數各有不

同，但在國內對屬下的影響是相同的。在各個國家裡，領導者越是經常施展領導實務技巧，屬下就越肯定上司的成效，雙方對於工作的投入度也會更高。[8]

再者，儘管有些研究說，來自不同文化的人對領導者的行為有不同的期許，但有越來越多證據顯示全球化正帶來均質化效應（homogenizing effect）。這麼說好了：如果組織性期待（organizational expectations）是依據全球化標準不斷匯集，趨於一致，那麼世界各地的人也對他們的領導者有相同的期許。無論個人的文化背景是什麼，相同的領導者行為理應都能提升人們對領導者的滿意度。[9]

我們把這個論點拿來測試全球各地的文化界代表，結果也吻合原先的假設。我們也利用了模範領導的五大實務要領來預測人們對其領導者的滿意度，結果也在世界各地找到相同的結論。在所有的個案裡，不管受訪者的文化背景是什麼，領導行為的施展對屬下滿意度的影響結果相似度幾近百分之百。世界各地的人對領導者應該有的作為都有相同的期許，因此也對領導者領導有方的原因何在有類似的評價。雖然你可能預期得到族群之間的不同差異——比如國籍、職務、產業、種族、年齡等——但說到領導力的成效性，各族群所做出的評估便幾無差異。

領導者的風格各有不同，但模範領導者會不約而同地施展出類似的領導作為。雖然你是獨一無二的個體，但激發他人潛能的領導作為是共通的。我們會在下一章簡單探討這些方法。

✍ 重點訊息和行動

　　本章的重點訊息是：領導力會大幅影響投入和承諾的程度。領導能力的養成有助於改善你和其他人對職場的感受，提升組織的生產力。此外，學習成為更優秀的領導者，也能提升你對自我價值和意義的感受。雖然環境背景互有差異，但領導力的展現卻是相對恆定的。

自我訓練行動

花點時間反省以下問題,在你的領導日誌上做筆記:

- 我想呈現什麼樣的影響力?
- 我的行動會帶來我想呈現的影響力嗎?
- 我的行動有助於激發出自己和他人的潛能嗎?

你的答案和你的志向抱負能結合嗎?你的答案對你來說代表何種意義?你需要做哪些改變?

第三章

你已經出現領導行為，只是出現的頻率還不夠多

　　我們從世界各地蒐集了成千上萬人的個人最佳領導經驗。個人最佳領導經驗指的是一個事蹟（或連串的事蹟），當事者相信這個事蹟堪稱是他個人傑出表現的一種標竿，是他「創紀錄的表現」，換言之：也就是表現最好的那一刻。這通常是人們用來自我衡量的方法：他們把那一刻視為自己的巔峰期或表現最佳的一次經驗。

　　這種經驗不見得發生在被指派為領導者或獲選為領導者的那段期間。可能發生在他們以非正式的領導者身分剛崛起之際，也可能發生在當上正式領導者、經理、督導或隊長的那段時間。可能發生在任何職能領域裡，服務業也好，製造業也好，公家或民營機構都行，當時他們可能是幕僚，也可能是第一線人員。可能發生在一門新生意、一項新產品或者某服務發展計畫的草創期，也可能於品質或生產力改善計畫或者是碰到轉機、危機等等之際出現。

　　這個經驗不一定發生在他現在所身處的組織裡，可能是過去的工作經驗，或甚至在家裡或志工場所裡的經驗，它可能發生在俱樂部、專業組織或者學校、球隊、教堂會眾或其他任何場景裡。可能發生在任何時間，只要當事者覺得這是他們以領導者身分表現最好

的一次。

我們詢問了成千上萬人的個人最佳領導經驗，含括各種國籍、產業、工作、階級、年齡、性別，最後我們發現它對領導者的養成和領導力的培養有其含義。這些資料告訴我們的經驗法則是：

1. **每個人**都有領導故事可以分享。
2. 這些案例裡的領導行動和作為都大同小異。

顯然這些回答過個人最佳領導經驗問卷的受訪者在很多因素和特性上各有不同。多年下來，這些經驗的背景環境也都起了變化。但哪怕如此，當他們在分享彼此的領導經驗時，都可以毫不費力地確認出他們是在什麼樣的情境下展現領導作為，成就非常之事。除此之外，他們也可以從所聽聞到的領導故事裡頭輕鬆指出其中的共通性。從他們自己的討論內容所得出的基本結論是「每個人都有能力領導」，還有「領導力沒有那麼難以捉摸或深奧，你可以觀察得到，也可以描述得出來」。

這正是思科公司（Cisco System）全球通路計畫經理納瑞亞納史瓦米（Gowri Narayanaswami）告訴我們的。她曾經以為領導者都具有某些特質，而這些特質在她身上都找不到，所以她就跟很多人一樣，以為領導者是天生的，也以為領導力跟職業與職位息息相關。可是當她回想自己的個人最佳領導經驗時，卻意外首度發現，她自己「也曾有過同樣的領導行為，也展現過領導者的能力」。另外還有酷朋（Groupon，譯註：團購網站）全球數據中心營運總監

哈爾梅歐・查塔（Harmail Chatha）的例子，在聽過同僚分享自己的個人最佳領導經驗後，他才明白：「領導力就在我們四周，以各種大小和形式出現，適用於我們每一個人。」

你的個人最佳領導故事是什麼？你有什麼第一手的領導經驗？先花點時間想一想，在你閱讀本章內容的時候，也別忘了自己的答案。

模範領導的五大實務要領®

我們分析上萬個個人最佳領導研究案例和訪談內容後發現，一般人在帶著他人開疆闢土前進時，幾乎都循著類似的路徑。雖然言語表達下的每則經驗都很獨特，但所有個案都有著相當程度的相似模式。我們把這些共通的實務作業行為集合成一個被我們稱之為「模範領導五大實務要領」的領導架構。[1] 這五大實務要領不是我們的研究對象或少數明星菁英私有的財產。領導力無關個性，而是行為。五大實務要領並非靈光乍現下的意外成果，其禁得起時間和空間的考驗。更何況，已經有成千上百的學者在自己的領導研究裡，使用這套架構來調查領導者對個人福祉以及組織的生產力和效率所扮演的中心角色。[2]

不管是誰想成為最佳領導者，都能使用這些領導實務要領。[3] 以下是五大實務要領中每個要領含括的兩個基本領導承諾：

以身作則

● 找到自己的聲音，釐清個人價值觀，並確認共同的價值觀。

● 將各種行動與共同價值觀結合起來，樹立榜樣。

喚起共同願景

● 想像各種美好的可能，勾勒未來。

● 以共同抱負為訴求，爭取他人對共同願景的支持。

向舊習挑戰

● 尋找機會，掌握主動權，對外蒐羅創新的方法，以求改進。

● 不斷創造出小贏的局面，從經驗中學習，大膽實驗，不怕冒險。

促使他人行動

● 培養團隊合作精神，建立互信，促進關係。

● 強化他人實力，提高他們的自主性，培養勝任的能力。

鼓舞人心

● 感謝個人的傑出表現，肯定對方的貢獻。

● 創造社群精神，頌揚價值觀和慶祝各種勝利成果。

　　誠如我們在第二章說過，這個架構在世界各地都是卓越能力的保證，也說明了人們何以願意積極投入自己的工作。事實上，談及

最能提升組織作業效率的變數，絕對非領導力莫屬。

領導力就在每個人的本領裡

我們從成千上萬的個案研究裡得出這個模式之後，便立刻研擬領導統御實務要領目錄（Leadership Practices Inventory，簡稱LPI），做為這套實務要領的衡量方法。[4] LPI會針對個人目前展現領導作為和行動的頻率，提供意見回饋，而這些作為和行動都關係到領導者的最佳表現。LPI內含三十種領導行為（五大實務要領裡的每一個要領都有六種行為）。舉例來說：

1. 我用以身作則的方式告訴對方我對他的期許是什麼。（以身作則）
2. 我會用令人信服的比喻方式說明我們的未來會是什麼樣子。（喚起共同願景）
3. 我會在組織的體制外尋找創新方法來改善我們的工作。（向舊習挑戰）
4. 我支持大家自己做決定。（促使他人行動）
5. 我尋找表揚成就的方法。（鼓舞人心）

每種行為都會以1到10分的頻率量表來評分，1分代表「幾乎從來沒有施展過這種行為」，10分代表「幾乎常常展現這種行為」。全球有超過兩百五十萬人接受過最新版的LPI測驗，所以樣

本相當扎實，含括各種國籍、個性、領域和組織。LPI會一定程度上地針對正在被施展的領導行為，從領導者自身的角度，以及其上司、同僚、直屬屬下和其他人的角度，提供三百六十度的視角觀察。

三十多年來，透過LPI蒐集到的數據中幾乎沒有人會在量表上的任何一種領導實務要領裡圈選0分，精確來說，是只有不到0.00044%的領導者會在量表上的三十種領導行為上圈選「幾乎從來沒有」這個答案。從更正面的角度來看，舉凡做過LPI測驗的領導者，大約有99.99956%都會在量表上圈選高過於0的頻率分數（換言之，就是比「幾乎從來沒有」要高一點）。如果是由別人來評估這些領導者，高於「幾乎從來沒有」的分數在比例上會多一點：99.99987%。從這些領導者的上司角度來看，有99.9999%都說他們的屬下在五大實務要領的施展頻率分數上高過於0。而從這些領導者的同僚和同儕角度來看，有99.99987%給的分數高過於0。再者，這些領導者的屬下有99.99985%在五大實務要領上給的分數高過於「幾乎從來沒有」。

精算之下，你會發現，在一家一百人的組織裡要找到一個被評比為0分的人，機率根本是零。而在一家一千人的組織裡，找到被評為0分的人的機率也幾近是零。

這些結果應驗了稍早前的主張，每個人都有能力施展領導行為，而在追求卓越和樹立典範上，領導行為已被確認是不可缺少的要素。所以這裡頭無可遁逃的事實是，問題並不在於人們沒有出現領導的行為（或者沒有領導能力），而在於他們**領導行為的出現頻**

率不夠多！那你呢？你的領導行為出現頻率夠多嗎？

領導行為的出現頻率關係到成效和生產力

　　獨立研究人員做過成千上百的研究調查，結果發現人們在這五大實務要領的施展程度與管理成效和組織成效有重要的關聯，譬如工作團隊表現、團隊向心力、承諾度、滿意度、動機和生產力。[5]研究顯示領導行為的施展頻率會正面影響像員工留職率[6]、課堂成績[7]、工地安全[8]、會眾數量的成長率[9]、情緒智商[10]、適應力[11]、家族事業的表現[12]、病患照護的品質[13]等這類成效。

　　人們指稱他們的領導者確實履行模範領導五大實務要領的頻率多寡，跟他們對工作的投入度有直接關聯（誠如前一章所示）。此外，這兩者之間的關係並不會受到受訪者個性左右。換言之，這些屬下的人口統計特徵因素跟他們投不投入工作的原因無關。但若能知道他們如何看待老闆的行為表現，便可以相當程度地說明他們對工作的投入程度。

　　在填寫LPI的過程中，受訪者也會評估他們領導者的整體成效表現。強烈肯定領導者成效的屬下會被拿來跟對領導者評價不太高的屬下比較，以便了解這兩組受訪者觀察到領導者施展五大實務要領的頻率次數。這個分析顯示出（請參考表3-1），被屬下認定是最有成效（成效最強）的領導者，也被認定在五大實務要領的施展頻率上，顯著優（$p < .001$）於比較沒成效（成效低／成效普通）的領導者。

表3-1

屬下對領導者成效的評鑑以及模範領導五大實務要領的運用程度

領導者的成效	領導統御的實務要領				
	以身作則	喚起共同願景	向舊習挑戰	促使他人行動	鼓舞人心
低／適中	42.62	40.36	40.81	46.20	41.63
強	53.50	51.76	51.58	55.58	53.16

　　所以真相是，你已經出現領導的行為。被我們研究過的對象，每一個都或多或少施展著領導行為。這說法也許不普遍，卻是事實。領導力可能比你和其他人想像得還要普及。大家常把領導力跟地位聯想在一起——比如國王和皇后、執行長和總裁，以及具有領袖魅力的政治人物和革命分子。在他們當中，的確有些人具有領導力，但不是只有他們才有。

　　說到令人欽佩、足以做為世人榜樣的領導者，在媒體上出現的往往不是上位者。根據我們的研究調查，大多數的領導典範人物都在你家附近。無論是高中生還是職場上的專業人士，他們所認定的領導典範人物超過四分之三是家人、師長或工作上的直屬長官。[14]他們不只是你很熟悉的人，也是很熟悉你的人。

✍ 重點訊息和行動

　　本章的重點訊息是：每個人都有各自如何在領導作為上發揮影響力的故事可以分享。此外這世上存在著一套共通的領導實務作業（作為和行動），它跟每個人都有本領去施展的領導力有密切關係。所以挑戰就在於如何提升你在這些領導實務作業上的施展頻率，從中學習這些實務作業的真諦，讓你能更從容自信地隨時發揮。

自我訓練行動

挪出一點時間回想自己的個人最佳領導經驗。以下有幾個點子可以幫忙你反省和分析：

1. 描述當時的情況。誰參與其中？你的角色是什麼？
2. 你那次為什麼會主動出擊？你如何實驗和質疑現有的做事方法？你如何處理風險？
3. 你在期待完成這個計畫的同時，心裡懷抱著什麼樣的夢想？你如何為這個奮鬥的過程注入刺激與熱情？又是如何為你的團員投射希望與夢想？
4. 你用什麼方法找到人來參與規畫和決策？促進合作？建立信任？以及提升同僚的能力與自信？
5. 你用什麼樣的價值觀在說服自己和他人擔起責任？你如何以身作則？又如何保持專注，從不偏離方向？
6. 你如何肯定他人的貢獻？表揚團隊成就？增進同袍情誼？真心表達感謝？

全面思考過你的經驗和以上問題後，請在領導日誌上列出五～七點曾經施展過的領導作為，是這些作為成就出你的最佳領導經驗。你覺得你從這個領導經驗裡學到了什麼？你會根據自己的經驗談，給別人什麼樣的忠告？

基礎原則一：相信自己辦得到

　　相信自己會領導，是培養領導技術和能力的基本要素。要是你不相信這一點，你就不可能付出任何努力，更別提要你努力不懈地讓自己日後成為更優秀的領導者。沒有人可以把領導力加在你身上，你必須自己召喚出來。

　　最優秀的領導者也是最佳的學習者。他們有成長的心態，相信自己有能力終生學習和成長。對模範領導者來說，不間斷的學習是一種生活方式，所以你從來不會停下學習的腳步，總覺得自己可以更上一層樓。你可以靠反省、閱讀，也可以觀察旁人、找人指導、參加訓練，或者只是嘗試某種新的技巧。無論你的學習風格是什麼，都要每天致力於其中。

　　真正的領導力是由內而外地散發出來。你必須釋放出你本來就有的能力，而第一步就是展開內在的探索之旅，發掘自我。你的內

心早就存有領導魂，別聽信別人說你改變不了什麼。

在接下來的三個章節裡，我們會探討以下幾個跟模範領導者養成有關的主題：

- 你必須相信自己。
- 最重要的技巧在於學習。
- 領導力是由內形成。

第四章
你必須相信自己

　　本書截至目前為止，已經做出了三點大膽的斷言，全都有研究調查作為依據。每一個人（包括你在內）都是生來就具有領導能力。領導者會很大程度地影響支持者的投入程度和成果表現。還有你已經出現領導行為，只是出現頻率還不夠多。

　　現在讓我們做個實地調查。你相信以上的說法嗎？你打從心底相信你有能力超越今天的自己，成為明日的領導者嗎？又或者你覺得你能改變的事情不多？因為要嘛你有領導本領，要嘛你沒有。這些不算是瑣碎的問題，反而直指問題的核心。它們點出了你對自己的真正看法。

　　同樣的論點也出現在美國原住民的古老比喻裡，那比喻所要傳達的訊息是，你對自己的想像對你日後成就的影響甚大。因為你的假設會強烈影響你所採取的行動。就像這樣：

　　有天傍晚，一位切羅基族（Cherokee）的老印第安人告訴他的孫子，人們的內心一直有爭戰。他說：「孩子，這是我們內心裡兩匹狼之間的爭戰。其中一匹代表邪惡。牠是憤怒、嫉妒、猜忌、懊悔、貪婪、傲慢、自怨自艾、罪惡感、憎恨、自卑、謊言、虛榮心、優越

感和自負。另一匹代表良善。牠是歡樂、平和、愛、希望、從容、謙卑、寬容、同理心、慷慨、真理、憐憫和信念。」

孫子想了一下，然後問他的祖父：「哪一匹狼贏了？」

祖父回答：「你餵養的那一匹。」

回到前五世紀的佛陀，祂也有同樣的說法：「一切皆由心起。心即一切。我們怎麼想，決定自己成為什麼樣的人。」[1]

學習領導，也是同樣道理。這一切都始於你怎麼看待自己，以及你餵養的假設是什麼。

所謂學習領導，就是去發掘什麼是自己看重的？什麼能啟發你？什麼能挑戰你？什麼能帶給你力量？什麼能鼓勵你？當你找到這些跟你自己有關的答案時，你才能更了解自己需要做什麼來把這些特質導向其他人。最好的教育方式——不管是在學校還是職場上——從來都不是強塞資訊或技術在別人身上。這方法最後一定沒有效。最好的教育方式是誘導，有時候甚至得釋放原本就有的東西。換言之，就是把學習者本來就具備的潛能釋放出來。也就是你得決定自己要餵養哪匹狼。

當然，每個領導者都必須學習基礎原則，但有的時候你得去嘗試很多你完全不懂的東西，而且也不知道管不管用。也有的時候你得模仿別人，從外面吸收很多資訊。這些都是你在領導者的養成之路上所必須經歷的階段。重點是，除非你**真的下定決心，打從心裡相信自己有能力發揮影響，施展領導力**，否則你絕對不可能去做以上任何事情。

接受鏡子測驗

兩三年前，我們到紐奧良（New Orleans）參加第六屆的年度「模範領導論壇」（The Leadership Challenge Forum）時，曾分別碰巧進到一家畫廊。畫廊裡有一張吉姆‧特威迪（Jim Tweedy）的版畫，畫裡是一隻胖嘟嘟的貓坐在畫架前的板凳上畫著自畫像。[2]牠一隻腳爪抓著畫筆，另一隻腳爪抓著畫布，臉朝鏡子，看著鏡中的自己。但畫架上的那幅自畫像卻不是一隻胖嘟嘟的貓，而是凶猛的老虎。後來發現我們兩個不約而同地買了它的複製畫，因為我們都被這幅版畫的反諷逗得大笑。

有些人看過這幅畫，說這隻貓在癡心妄想，自欺欺人。顯然這隻貓就只是一隻貓，不是老虎。但也有人看過這幅畫後說，這是在表達內在潛能。他們知道有些東西是你眼睛看不到的。你看到的表象不見得是你內心的世界。常言道，外貌會騙人。

兩種解釋都有可能。重點是，你如何看待它。當你望著鏡中的自己，你看到的是一位領導者嗎？你看到的那個人有領導者的潛質嗎——或者說會變得比今天的你還要優秀——還是你看到了一個沒有能力領導或不會有任何進步的人？你相信自己什麼？這些都是很重要的問題。你的答案是什麼？

珍‧布雷克（Jane Blake）是州政府的行政人員，她的自我概念在她開始相信自己可以成為領導者之後便徹底改觀了。[3]她告訴我們，她在州政府機關工作了二十年左右，她有兩個大學文憑，從來沒想過要讓自己看起來跟以前不一樣——以前的她是「母親、

祖母，也是煤礦工人的女兒」。當時，她註冊了領導力的碩士學位學程，可是那些課程讓她很掙扎，因為她的同學不是軍事首領，就是公司主管和政府官員，害她很是膽怯。可是珍說，在讀了我們的領導力著作之後，「我的眼睛被打開了，也許有人跟我一樣有可能成為領導者。」重點就在這裡。你要去回想自己從以前到現在所經歷的一切，從中領會自己也有可能成為領導者——又或者如果你已經出現領導行為，那麼你將超越今天的自己，成為更優秀的領導者。

過去二十幾年來，珍為自己的人生建構了一則故事。她告訴自己她是誰，並依據母親、祖母和礦工女兒的角色告訴自己她的本領僅只於此。很多人都像珍一樣根據自己的角色經驗、別人對他們說過的話，以及他們從學校、媒體和與朋友共進晚餐時所聽聞和讀到的內容來建構自己的人生故事。你的人生故事幫忙你理解生活的意義何在，解釋眼前正在發生的事，還有你何以會有此刻的處境以及現在的樣子。

但有時候這也會成了麥可·海耶特（Michael Hyatt）口中那種侷限性的信念。身兼出版社主管和作者身分的麥可說，這種信念是無形的障礙。它不像電籬笆一樣實質存在，而是橫亙在心裡的某種障礙，害人們無法跨過那道無形的界線。「它只是一種思維方式。我們被一再反覆地訓練，於是它成了侷限性的信念，一種會攔阻我們的東西，不讓我們追求我們想要的那種男女關係、我們想要的那種健康狀況、我們想要的那種事業、我們想要的那種財務成就。」[4]就像珍從自己的經驗裡學到的，不是「外在的」東西在攔阻她。

那是充滿侷限性的人生故事。一旦她領會了，就可以改變它。

　　我們從電腦軟體公司[24]7的產品經理丹恩・王（Dan Wang）口裡聽到類似的故事。丹恩在反省過自己和別人的個人最佳領導經驗後說：「你們指出了領導者的一個重要特質，那是我從來沒想到的：領導者相信自己有能力發揮影響力。要成為更優秀的領導者，第一步就是承認我可以改善領導技巧，提醒自己我能夠發揮影響力。我需要的是抱持正面的心態尋找機會，再加上主動出擊的意願。」

　　珍和丹恩都雙雙了解，在你學會領導之前，必須先**相信**自己做得到。這不是區區小事。沒有人可以把你轉變成領導者，一切得靠你自己。要踏出嘗試的第一步，就得先相信自己有執行任務的能力，這一點很重要。如果你不相信自己能夠領導，你會連試都不想試。前任伊利諾州州長和第五任美國聯合國大使阿德萊・史帝文森（Adlai Stevenson）曾經幽默比喻：「如果你覺得自己騎馬的樣子很好笑，你會很難帶領一支騎兵隊。」

別聽信別人說你不會領導

　　如果你不相信自己，也不相信自己的想法，別人恐怕也很難注意到你的存在。領導力得先從自身開始做起。就像《綠野仙蹤》（*The Wizard of Oz*）的桃樂絲一樣，你不能找躲在簾子後面的人幫你解決問題。第一個對你有疑慮的聲音通常來自你內心，所以除非你相信自己，而且處理得了你對自我的疑慮，否則你哪可能敢暢所

欲言、挺身而出、大步向前。

梅莉莎‧胡德（Melissa Poe Hood）是田納西州納什維爾的小四生，她很關心環保議題，於是決定貢獻一己之力。她在一九八九年成立了一個叫做Kid F.A.C.E.（Kids For A Clean Environment的縮寫）的社團，如今已成為全球最大的青年環保組織，共有兩千家社團分會分佈在十八個國家，會員多達三十萬名。二十年後的今天，再回頭去看這個經驗，梅莉莎說：「改變不是從別人開始。改變就在你自家後院，跟你的年紀和個子大小無關。我當初沒想到一個簡單的行動竟然徹底改變了我這一生。大部分的旅程都是這樣開始的，只是源於一個簡單的動機以及當下要不要做的決定。你絕對不知道這一步踏出去會把你帶到哪裡去，也絕對不知道下一步會帶你到哪裡。要當一位領導者，差別就在於你得自己踏出那一步，你得踏上旅程。而你會遇到的最大阻礙是你自己。」

誠如梅莉莎所領悟的，你必須相信自己，你必須信任自己，你必須對自己有信心，你必須打從心底信服，你跟你認識的其他人一樣都有同樣的領導本領。你不見得總是對的，但你會成為一名主動的學習者，而且會越來越精通。

但不光是你告訴自己的話會攔阻你實踐領導力，通常別人對你說的話也會影響你，害你萌生退意。事實上，天分迷思在死板的詮釋下所造成的不良後果之一就是，它會害人們不敢嘗試領導者的角色。因為他們被告知領導力只侷限於少數有領導天分的人，於是就認定自己學不會，不敢下海嘗試 —— 要不然就是一發現領導不是那麼容易，便立刻放棄或怪自己沒天分。千萬別讓自己像他們一樣

不敢嘗試。別聽信任何人說你不會領導。

艾伯特・班度拉（Albert Bandura）和羅伯特・伍德（Robert Wood）兩位教授透過一連串的傳統實驗，證實了自我勝任感（self-efficacy）──被定義為一種個人信念，深信自己有能力展開特定行動──會影響人們的效能表現。[5]其中一組經理人被告知決策力是一種可透過練習所養成的技術，另一組經理人則被告知決策力跟他們的智力有關──潛在的認知力越高，決策力便越好。這兩組經理人同在一家虛擬公司裡工作，必須處理一連串的生產訂單，做出不同的人員編制決策，建立各種績效目標。

深信決策力是可以獲取的一種技術的那組經理人，哪怕得面對很難達成的績效標準，還是為自己制訂了富挑戰性的目標，施展適當策略，解決問題，促進組織生產力。但對照組因為不相信自己具備了必要的決策力，結果在面對困境時，自信全無。經過多次嘗試之後，他們降低了自己對組織所懷抱的理想，不僅對策能力不彰，連組織生產力也變得低落。[6]

從這些研究裡還得出另一個重要的發現，對自己的判斷力失去自信的經理人，在處理問題時會去挑別人的毛病。他們對員工很嚴厲，認為鼓勵的方法不管用，也不值得多費心去督導。若能有選擇的話，這些經理人說他們會開除掉很多員工。

在另一個相關實驗裡，有一組經理人被告知組織和人都是很容易改變的。另一組則被告知「員工的工作習慣不容易改變，哪怕是在良好的引導下。很小的改變對整體成果不見得有助益。」那些相信可以藉由自己的行動影響組織成效的經理人，在經過一段時間的

努力之後，所得到的成果表現都優於那些自覺對改變使不上力的經理人。後者對自己的能力失去信心，他們不再懷抱理想，組織的表現水準也跟著低落。[7]

這些研究和其他許多研究都證明了「不要聽信別人說你不會領導」這件事為何如此重要——如果他們真的這樣跟你說，千萬不要相信。這些研究調查的受訪對象都是**隨機**分組。各組的表現之所以出現差異，不是因為其中一組在決策力上比另一組厲害，而是因為其中一組被告知他們有決策力，另一組則被告知沒有決策力。如果你剛好不幸分到被告知你不會領導的那一組經理人裡，你可能就會相信他們的說法，於是你的表現以及小組表現也都跟著低落。此外，你也很有可能會把這些負面想法傳遞給其他人。

當然，每個人都有自己的極限所在和自己的長處。學習領導這條路不見得很輕鬆，其實很辛苦，但絕對辦得到。我們想表達的是，你不應該礙於自己的極限所在而讓步，或者認定它們永遠改變不了。當你懷疑自己時，請勇敢面對這樣的情緒，試著做點什麼去獲取必要的技術，日後遇到類似情況時便可派上用場。這才是學習的本質！

你的預設信念必須是你可以學會領導。你要靠這個重要的信念讓自己成為比現在的你還要優秀的領導者。

✍ 重點訊息和行動

　　本章的重點訊息是：相信自己有能力領導，這對你領導技術和能力的養成來說絕對很重要。你想要日後成為更優秀的領導者，便得靠這個信念支持自己全力以赴。沒有人可以把領導力加持給你，你得自己召喚出來。而這過程始於你先相信自己辦得到。

自我訓練行動

　　你可以去請教那些表現優異的運動員，頂尖運動員和表現普通的運動員差別何在？他們可能會告訴你，差別在於這些運動員如何調適心理。領導力就像運動一樣，可以靠心理作用來補強。你從自己的個人最佳領導經驗裡看見你自己以前的經驗，你可以再做一次，然後再一次。你必須相信自己辦得到。

　　所以以下是你必須做的。每天早上準備展開一天的工作時，告訴自己：「我是誰？我在做什麼？我要怎麼做才能發揮影響力？」然後再反問自己：「今天我要做什麼，才能真正發揮效果？」不管答案是什麼，都請你務必告訴鏡中的自己，你**相信**自己可以在這世上發揮正面影響力。然後更進一步：把你的答案寫下來，記在手機或辦公桌上，隨時提醒自己。

第五章
最重要的技巧在於學習

　　我們有個問題要請教你。你曾經學過新的遊戲或運動項目嗎？

　　你的答案一定是學過。我們每次在課堂上或者開辦領導力開發課程時，都會提出這個問題。一成不變的是，教室裡的每個人都舉手表示學過。

　　然後我們又問：「你們當中有誰第一天就很精通？」大家都低聲輕笑，但沒有人舉手。從來沒有人第一次就上手。

　　但有一次厄本・希爾格二世（Urban Hilger, Jr.）舉起手，說他學滑雪的第一天就很精通。我們當然很驚訝也很好奇，於是請厄本跟我們分享那次經驗：

　　那是我第一天的滑雪課。我一整天滑雪下來，都沒有跌倒過。我得意極了，覺得好爽，於是我滑過去找教練，告訴他我這一天過得很開心，結果你知道滑雪教練怎麼說嗎？他告訴我：「厄本，就我個人來看，我覺得你今天過得爛透了。」

　　我呆了。「什麼叫我過得爛透了？滑雪不就是要在滑雪板上站好，不要跌倒嗎？」

　　滑雪教練看著我的眼睛回答我：「厄本，如果你都不跌倒，就

什麼也學不到。」

厄本的滑雪教練很清楚，如果你第一次滑雪就能站在滑雪板上一整天都不跌倒，你就只能做你已經知道怎麼做的事，絕不會要求自己去嘗試任何新的或比較困難的事。從定義來看，所謂學習就是學會你不懂的事。那些只做自己會做的事的人也許有很多經驗，但一陣子之後，因為都沒學到任何新的本事便停滯不前，不再進步。維吉尼亞大學（University of Virginia）心理學教授丹尼爾‧威廉翰（Daniel Willingham）所做的研究調查顯示，以老師為例，他們在教職生涯的最初五年，通常會在學生學習力的評鑑上進步良多。不過他也說，五年過後，他們的教學表現曲線就會趨於平緩。平均而言，有二十年教學經驗的老師跟有十年教學經驗的老師幾乎不相上下。丹尼爾說：「看來大部分的老師都會精進自己的教學技術，直到高過某個門檻，對自己的精通度滿意為止，就不再精進了。」[1]對很多領導者來說，情況可能也是一樣。

所以請反問自己，在領導力方面，你會要求自己每天學點新的東西嗎？或者只是在做你已經知道怎麼做的事？你會自我拓展、設法脫離舒適圈嗎？不是只做自己熟悉的事，而是去參與一些對你來說仍算是考驗的活動，從而學到新的技術。

最優秀的領導者都是最優秀的學習者

多年來，我們做了一系列的實證研究，想知道領導者是不是有

什麼有別於他人的不同學習方式？他們的學習方法和能力有什麼特殊或獨到之處？[2]我們想知道他們學習的方法是否在領導的成效面上發揮了一定作用——譬如透過直接行動（喜歡在嘗試和錯誤中學習）、透過思考（閱讀文章或書籍，或者上網吸收新知、了解背景）、透過感受（直接面對自己最擔憂的領域）、透過與人溝通（把你的期許和恐懼對你信任的人說）——人們在面對新的或不熟悉的經驗時，往往會因為學習技巧運用上的廣度和深度而產生個別差異。

　　這些研究結果非常有趣。首先，我們發現到你可以透過很多種方法學會領導力。第二，在領導力的實務作業上，某些學習方式會比其他學習方式來得更有效，但絕對沒有一種所謂最好的方式可以完全學會領導力的所有技巧。方式是什麼跟最後的成就並不相干。

　　真正的關鍵反而在於個人對於學習的投入**程度**，不管是哪一種學習方式，只要對他們來說最有效就行。那些無視方式是什麼，只要是自己喜歡的就很投入其中的領導者，也會比較常去運用模範領導的五大實務要領。要學會領導，不能單靠任何特殊的學習方式。

　　重點不在於你怎麼學，而在於不管對你來說最有效的學習技巧是什麼，你都很**投入其中**。所以道理顯然是，要想成為更優秀的領導者，就得先成為更優秀的學習者。最優秀的領導者都是最優秀的學習者。

　　這對任何人來說應該都不算是新聞。也難怪那些會強迫自己不斷學習的人一定比只是淺嘗即止的人表現更好。光靠參加一場為期三天的講習會、讀一本暢銷書、專心反省一起關鍵事件或者參加一

場模擬行動，並無法培育出偉大的領導者，也製造不出什麼偉大的音樂家、醫師、工程師、老師、會計師、電腦科學家或作家。要在任何領域裡成為頂尖高手，便得努力不懈地學習。

這些發現也帶出一個極為有趣但從未探究過的問題：哪一個先？是先學習還是先領導？每當我們跟客戶探討這個問題時，他們的直覺都跟我們的一樣。先學習。當人們很容易感到好奇，**想要**學習新事物時（有些人相較之下，並不覺得學習是日常生活中重要的一環），比較可能會去反省、研究、實驗某種新的行為，參加某個課程，找教練指導，或者啟動其他學習模式，比較不會把別人的批評指教視為威脅，也比較可能把錯誤和失敗當成是成長的機會。

舉例來說，前哈佛商學院教授大衛・邁斯特（David Maister）的管理顧問工作屆滿一年時，三十九歲的他決定好好盤點自己，於是反問自己一個問題：身為專業顧問究竟有何資產？這個深度的內省成了他事業生涯的轉捩點。他發現到，第一，他具備專業知識與技術，第二，他有客戶人脈。這一刻的大衛終於明白這些因素是相互依存的。如果他只仰賴自己既有的專業知識與技術，就得去爭取需要這些東西的客戶，可是他揣度這些客戶的數量有限，更糟的是，他現有的客戶都已經得到他所提供的專業知識與技術了，所以不可能再聘用他，除非他學到更多新的東西。這時他才猛然想到，他在擔任管理顧問的第一年，不曾自行去學習什麼新的東西，所以除非他現在主動努力學習，否則他的事業前景堪慮。[3]

大衛的故事證明了如果你想被人聘用，或者如果你想成為領導者，就必須先內省才能有所改進，繼續前進。當你在內省自我價值

時，你看到了什麼特殊的天分？你的長處何在？你的缺點是什麼？對於你如何影響別人這方面，你有什麼心得？你的心得重點在哪裡？你對自己的看法是什麼？你什麼地方做得很成功？什麼地方很失敗？你能提供什麼別人無法提供的價值？像這類問題的答案將會引導出一些你必須探索和學習的領域。

最重要的技巧在於學習，當你完全浸淫在學習裡時 ── 當你全心投入，展開實驗、深度反省、大量閱讀或找人指導時 ── 你就是在追求進步、追求出類拔萃。說到學習，少絕不是多，但多就是多（less is not more, more is more，譯註：這是從建築大師Ludwig Mies Van Der Rohe 的建築設計哲學「少即是多」〔less is more〕反衍生出來的，Ludwig 的設計作品各細部都精簡到不能再精簡的地步，建築結構幾乎已經被完全曝露，但看上去高貴雅緻，結構本身被升華成了建築藝術。但本書作者認為，在學習上，絕不能採取同樣的極簡主義。）由此可見，要在領導統御或任何事情上做到頂尖的地步，就得不斷學習。

是的，你可以學會領導

領導力這種東西常被認為是一套特性、風格、性格類型或者長處。所有這些說法其實都有一定的參考價值，有助於了解這個主題。只不過從最基本的層面來看，最佳的註解應該是，領導力乃是一種可以觀察得到的行動與作為。它是一套可以界定的技巧和能力。要想知道某人有沒有領導力，唯一的方法就是觀察他在領導的

時候都在做什麼。

如果你想成為更優秀的領導者，這個觀點至關重要。因為技巧和行為是學得會的。技巧這種東西可以被分解成各種方便傳授和學習的元素，而學習經驗是可以事先設計的，而且如果能正確無誤地執行和反覆練習，就會產生有助改善成效的行為。[4]不過要是你很好奇究竟值不值得付出這麼多心力，那我們可以告訴你，根據我們的追蹤觀察，隨著時間的推移，學員都有長足的進步。[5]再者，這種進步不是性格類型、氣質或者風格上起了什麼功能變化，只要他們能確實參與那些能幫助他們學到方法的活動，便都能透過學習成為更優秀的領導者。你若想扮演好組織裡和生活中的其他角色，這道理也一樣適用。

不過這裡有個重點。雖然領導力是學得會的，但不是每個人都會去學。就算學了，也不見得很精通。為什麼？有很多原因，但最主要的原因是，你也許不相信自己學得會。沒錯。你可能會有我們先前談過的那種迷思——說什麼領導力是與生俱來的，只有少數人才有幸遺傳到這種基因。又或許你相信領導技巧是一種要嘛你生來就會、要嘛就不會的東西，抑或它早就內建在某些人的體內，又或者有些人就是學得會、有些人就是學不會。所以在你認真展開自己的領導力學習之旅前，務必好好檢視一下自己的心態。

小心自己的心態

要讓自己擁有終生學習的能力，就要像史丹福大學心理學家

教授卡蘿‧德威克（Carol Dweck）說的，先從**成長心態**（growth mindset）做起。這種心態，她說：「所基於的信念是，你的基本特質是可以經由你的努力，慢慢養成。」[6]擁有成長心態的人相信人們可以透過學習，變成更優秀的領導者──領導特質是後天的，不是先天的。

她把成長心態拿來和「相信你的特質早已刻在石板上」的固定心態（fixed mindset）做比較。[7]有固定心態的人認為領導者是天生的，做再多訓練或有再多經驗都改不了天性，不可能變得更好。

如果你相信領導者是天生的，出生的那一刻便注定你的天分是什麼這類論點，你就根本不可能付出任何時間和努力，讓自己變得更優秀。你可能會逃避挑戰，一遇到困難便輕易放棄，認為花費心力接受訓練多半是在浪費時間。你只會被動等待你的天分自動開花結果，或者暗地希望最好能有天時地利的配合。

另一方面，如果你一開始的信念是，不管現有的能力水準是什麼，你都能學會新的技術，你所接受的訓練和指導一定會有效果。那麼你就很有可能會不計一切代價地求取進步。你可能會尋求挑戰和接受挑戰，遇到阻礙時，也願意堅持下去，不會因為碰到挫折便退縮，而且認為自己的這番努力是未來精通領導力的必要過程。

心態也會影響最後的成果表現。研究人員從一個個的研究裡發現到，在解決企業問題時，有固定心態的人會比有成長心態的人更快放棄，成果表現也較差。[8]同樣道理也適用於學校裡的學童、運動場上的運動選手、課堂裡的老師和男女關係裡的伴侶。[9]

卡蘿和她的同僚將這種心態的概念套用在組織身上，結果發

現，在有成長心態的公司裡，員工「會多出百分之四十七的可能說他們的同事是值得信賴的，多出百分之三十四的可能有強烈的歸屬感和使命感，多出百分之六十五的可能說這家公司支持冒險精神，多出百分之四十九的可能說這家公司鼓勵創新」[10]。顯然組織裡的領導者心態不是鼓勵員工成長，就是阻礙成長，企業的成長也一樣會受到領導者的影響。

你對你學習能力的信念是一切的起點。它們會影響你的動機、你的努力程度、你的堅持力、你對任何批評指教的寬容度。如果你相信自己學得會，就很可能辦到。如果你相信你學不會，便很可能真的學不會。誠如卡蘿所指出，「二十年來，我的研究顯示**你對自己的看法**會深刻影響你的生活方式。它可以決定你能不能成為你想成為的人，能不能達成你所在乎的目標。」[11]

相信自己可以領導，相信自己學得會領導，都是成為優秀領導者的必要條件。好消息是，研究顯示你可以學會擁抱成長心態。[12]再重申一次，先相信自己辦得到，所以一定要小心自己的心態。

✍ 重點訊息和行動

本章的重點訊息是：最優秀的領導者也是最優秀的學習者。他們有成長心態。他們相信自己終其一生都能夠學習和成長。為了成為更優秀的領導者，必須不間斷地學習。你永遠學不完，也永遠都在精益求精。不間斷的學習是一種生活方式，重點不在於學習方式是什麼，而在於參與學習活動的頻率如何。你可以反省、閱讀、觀察別人、找人指導、參加一些訓練，或者只是試著施展一種新的技巧或技術。不管是什麼，每天都得投入其中。

自我訓練行動

　　每天都盤點自己今天學到了什麼，這一點很重要。你必須把學習領導力這件事變成每日的習慣，而要建立這種習慣，方法是每天終了之際或每天早上（如果你喜歡利用早上的時光），都拿出你的領導日誌，回答以下這個簡單的問題：

　　「過去這二十四小時，我學到了什麼事情可以幫助我成為更優秀的領導者？」

　　把答案寫在日誌上，可能是你的事情、別人的事情，或者是你工作的環境、外在環境、一門新的技術，或是任何對你的領導知識、技術和態度多少有影響的東西。

　　如果每天寫，你會很驚訝自己竟然學到這麼多，而且一路以來進步了這麼多。你也會找出常讓你卡關的地方，確認自己可能得採取一些新的路徑來擺脫那個慣性。

第六章

領導力是由內形成

　　領導者最重要的工具是自己，所有領導者都必須與之共事。這個工具不是天才程式設計師編寫的代碼，也不是智慧手機裡的應用程式，更不是演講撰稿人為了讓人們成為更優秀的領導者所寫出來的巧妙措辭。領導者與自己的相處方式是至關緊要的。領導術的精通來自於對自我的駕馭，最後你會看到領導力的開發就是對自我的開發。

　　真正的領導力是由內而外地散發，不是來自於外面。由內而外的領導力意思是發掘出真正的你，是什麼迫使你去做你現在在做的事，是什麼給了你公信力去領導別人。由內而外的領導要你成為你自己故事的作者以及你自己歷史的塑造者。由內而外的領導也是讓你的支持者想從你身上獲取東西的唯一方法。那是什麼東西呢？他們想知道的是真正的你。

　　你可以自己試驗一下。想像以下情景：你被叫去會議室參加重要會議。你和所有的同僚都坐在裡面，這時有個你從沒見過的人走進來。這人一開口就說：「哈囉，我是你們新的領導者。」在你聽到這句話的當下，會想知道這個人什麼？你的腦袋裡會立刻跳出哪些問題？

　　我們曾拿這問題請教過全球各地很多不同團體，多數的典型反應差不多是以下這個意思：「你誰啊？」比如說，他們會想問新的領導者：

- 你主張什麼、信奉什麼？
- 你的風格是什麼？
- 你的決策方式是什麼？
- 你為什麼認為你有資格當我們的領導者？
- 你會因為什麼事情開心（或者難過、受挫、憤怒等）？
- 你為什麼能勝任這份工作？
- 你過去做過什麼？
- 你空閒時喜歡做什麼？
- 你覺得對人的信任可以到什麼程度？

　　基本上，人們會想多了解你一點。他們想知道是什麼啟發了你，是什麼在驅動你，是什麼在影響你的決策，是什麼給了你力量，是什麼成就出你這個人。他們想知道擁有這個頭銜和職位的這個人究竟何許人也。他們想知道你為什麼自信辦得到。在他們願意服膺你的領導前，他們想多認識這位領導者。

　　除非你真正認清自己，能從容地向別人介紹自己，否則你無法指望自己做出什麼偉大的成就。如果你想當領導者，就得先和這些問題搏鬥，包括是什麼成就了現在的你，是什麼東西為你的領導統御、人生和工作帶來了意義。

我們在某場研討會裡跟來自不同組織的人分享這個心得。有位學員謝麗爾（Cheryl）藉由自己的經驗分享來證明她有多認同這一點，而這經驗牽扯到她組織裡一位新到任的副總裁。這位副總裁四處拜會不同團隊，分享願景，要求他們為這個願景全力以赴。「副總裁來我們這兒拜會，」謝麗爾解釋道，「大概是想讓大家更熟悉他，可是你知道大家有多吃驚嗎？因為有個人只是問他：『你不工作的時候，都做些什麼活動？』他竟然粗魯地說：『那是我的私事，跟工作無關，好，下一題。』」

「但重點就在這裡啊！」謝麗爾激動地說道。聽她分享這故事的人也都欣然同意。「我們想要，不，應該說我們必須知道這傢伙是何許人也？他真正在乎的是什麼？如果我們不了解他，我們為什麼要聽從他、相信他？可是他就是不肯告訴我們！」

沒有人可以把領導力加持在你身上，它本來就存在，你必須挖掘己身，召喚它出來。因此領導者的養成之旅得先從自我追尋開始，先發掘出真正的自己。唯有透過自我反省的過程，才能找到你所需要的自覺來帶領自己和領導他人。

自我發展的三個階段

我們的朋友吉姆・拉沙蘭卓（Jim LaSalandra）是藝術家也是教育家，他在美國畫家里察德・迪本科恩（Richard Diebenkorn）結束回顧巡迴展之後，針對自我發掘過程提供精闢看法。他告訴我們：「藝術家生涯都有三個階段。在第一階段裡，我們畫的是外面的風

景。第二階段，我們畫的是內在的風景。到了第三階段，我們畫的是自己。而這時候的你也開始有了自我的獨特風格。」領導力的藝術也是一樣道理。當我們回顧領導者的學習和成長過程時，也看到類似的發展階段。

往外看

剛開始學領導力時，你描繪的是外在的自己——也就是外部風景。你會讀著名領導者的傳記與自傳；你會觀察那些備受推崇或有名的領導者的做法；你會向良師益友請教意見；你會閱讀書籍和收聽由經驗老到的執行主管或學者所製作的播客和TED演說（Technology、Education和Design的縮寫）；你會參加訓練課程；你會接下工作任務，這樣一來，才可以指導你的人一起共事。你想從別人身上盡可能學會所有一切，你經常試著複製別人的風格。

你這麼做的目的只是想學會最基本的東西，獲取別人的經驗以及必要的工具與技術。巴哈和畢卡索不是一開始就是巴哈和畢卡索。他們也需要有楷模供他們學習。同理也適用於喜劇演員、作家、運動員和胸懷大志的領導者。這對任何領導者的養成來說，都是絕對重要的階段。身為一名胸懷大志的領導者，就跟胸懷大志的畫家或任何一名正在學習買賣或技藝的人一樣，絕不能跳過這個基礎階段。

雖然要呈現出真正的自己，得先找到自己的獨特聲音，但有時候在發展自己的技術和能力時，靠閱讀、觀察和模仿你所欽佩的領

導者也相當有用。如果這正好就是你在領導力開發過程中所身處的階段，那就請花點時間盤點這些領導者。他們做了什麼是你也想跟進的？你有喜歡看的領導者傳記嗎？有喜歡看的歷史人物紀錄片或電影嗎？你從那裡學到什麼有關領導力的經驗教訓？以前有主管對你還不錯嗎？仿效他怎麼樣？還是說你以前的運動教練、老師或家人，曾給過你一些領導力方面的指導？盡你所能地汲取，盤點你所學到的一切。要記住，最優秀的領導者都是最優秀的學習者，他們會不斷地向別人學習。

別擔心你現在只能模仿別人，這是在奠定基礎，假以時日，你會發現什麼適合你、什麼不適合。就像在試穿新衣一樣，你會發現某些東西套在你身上看起來就是很可笑，有些則令你容光煥發。

往內看

不過一路走來，你會在某一個點留意到自己的談話聽起來很機械化，像是死記硬背一樣，你的會議無聊透頂，你跟別人的互動乏味空洞。你猛然驚覺你嘴裡的話不是你想說的話，那些字彙都是別人的，至於那些技巧也都是出自教科書，並非發自你內心。雖然你花了很多時間和精力學習做對的事情，卻赫然發現它們不再適合你。你甚至可能覺得自己像個騙子，你變得很假。你害怕被別人認為是冒牌貨。在這一點上，吉歐貝恩聯合建築公司（Gilbane Federal）的會計經理凱芮安・歐斯崔爾（Kerry Ann Ostrea）曾跟我們聊過何以有些時候有些事情表面看似合宜，卻與你不符──而

你內心也感受到了。她做了一個比喻：「有件洋裝可能在試衣間裡穿起來尺寸剛好，可是看起來就是不太對勁，它不適合你。當你在買衣服的時候，不能只考量款式的流行或風格，也要看適不適合自己。」

　　誠如凱芮安所言，當你往內看的時候，你會覺得這東西真的適合你嗎？在這當下，你會開始往內觀照，好奇幽暗的裡頭究竟藏了什麼。你會對自己說：「我不是別人，我是獨一無二的個體。但我究竟是誰呢？什麼是我真正的聲音？」對胸懷大志的領導者來說，這種覺醒會引發好一段時間的密集探索、試驗以及自我創作。你會拋開各種技巧和訓練，不再模仿大師，不再聽取別人的意見。你會經歷一段精疲力竭的實驗，你會事後諸葛好一陣子，你會不時焦慮甚或痛苦不堪，最後畫布上的抽象筆觸才慢慢浮現出一個真正屬於自己的自我畫風。

　　對很多人而言，反省自己的個人最佳領導經驗就像是這類宣洩式的經驗。回顧過去的經驗，思索其中的動力和重要的價值觀，這些都能讓他們體認到領導力不是外來的，不必從外面引進。從很多方面來看，他們早就具備了領導者所需要的條件──不管是現在還是未來，只需要由內去釋放。

　　網路器械公司NetApp的資深生產線經理李奇‧郝爾（Riche Howe）認為自己的個人最佳領導經驗，是截至目前為止事業生涯裡最有意義又最值得紀念的事情。他說，最重要的是，「我學到很多跟我有關的慘痛教訓，包括我有能力做什麼，以及我在乎的是什麼。」亞德諾半導體公司（Analog Devices Inc.）的工程部經理安

哈・范（Anh Pham）曾說：「我的個人最佳領導經驗讓我深刻感觸到什麼條件才能造就出一個好的領導者，以及我要怎麼從我身上找到那些特性。」對某些人來說，這是他們第一次的領導經驗，他們學到的東西「多到」就像網路會議和虛擬訓練軟體公司ON24的資深顧問艾咪・德羅安（Amy Drohan）所說的：「這次的經驗改變了我的人生。因為這次的經驗，我終於知道我就是我，我這一生的位置何在。」

找到你自己的聲音

在領導者的養成之路上，轉捩點會出現在能夠把外在和內在探索之旅學到的教訓合而為一的那一刻。你終於覺醒到原來不必模仿別人，不必照別人寫的劇本念，不必穿上別人的衣服。因為除非那是你自己的話，你自己的風格，否則就不是真正的你，你只是在表演，假裝在演自己。安捷倫科技公司（Agilent Technologies）的策略行銷總監麥可・詹尼斯（Michael Janis）說這個領悟是「我所學過最重要的一課，也真正幫助我往領導者之路邁進。我曾經追尋和複製其他領導者的行為，希望有一天我能奇蹟似地得到他們的真傳。但我發現最真實的領導力量來自於我自己，也就是真正的我。」

這個經驗教訓跟小說家兼散文作家安妮・拉莫特（Anne Lamott）在課堂上告訴那些準作家的話很類似：「你經驗裡的真相只能透過你自己的聲音呈現出來。如果裹上別人的聲音，讀者就會

心生猜疑，彷彿你穿上了別人的衣服。你無法寫出別人心裡的陰暗，只能寫出你自己的。當你用別人的語氣或別人的措辭來捕捉你經驗裡的真相時，你就離自己親眼所見和所知的真相有一步之遙。」[1]

同樣道理也適用於領導者。你不能用別人的經驗來領導，你只能用你自己的。葛雷特·希爾斯塔德（Grant Hillestad）回想自己曾有過的轉型經驗，當時他參加了一個叫做終生學生領袖營（Students Stay Leaders Forever）的大學組織。就在他參與社區服務的公路之旅時，他突然領悟到自己不必擔心適不適應，也不必假裝自己很酷，因為「做你自己才是最重要的。如果你可以信任自己，傾聽和相信自己，你就能當領導者，發揮你的影響力。」

葛雷特發現到了解和欣賞真正的自己，賦予他面對困境和做出艱難決定的勇氣。當他的朋友和同學說：「你瘋了嗎？你要我放春假的時候自掏腰包做義工？」葛雷特卻能很篤定地告訴對方這趟旅行對他來說有多重要，能帶給他什麼樣的成就感，以及「讓我更深刻地認識自己」。就像葛雷特一樣，要領導別人，你必須先了解自己。畢竟如果要大聲說話，就一定得先知道自己要說什麼才行。如果打算為自己的信念辯護，也必須知道你所篤信的信念是什麼。要做到言出必行，也得先知道你要說的是什麼。真正的領導力不是來自外面，而是由內而外地釋放。在下一章裡，我們會探索你和自己的關鍵對話，強化你真正的聲音。

✍ 重點訊息和行動

　　本章的重點訊息是：沒有人可以為你加持領導力。真正的
領導力是由內而外地散發，你必須釋出你本來就具備的能力，
而這得從一趟可以發掘自我的內在之旅開始。

自我訓練行動

　　你要創造一條專屬於自己的**救生索**，以便找出你生活裡的一些重要模式。什麼事情會害你跌到谷底？什麼事情可以把你拉出谷底？在你的領導日誌上，沿著頁面中間畫一條水平線。最左邊寫**過去**，最右邊寫**現在**，最上方寫**巔峰**，最下面寫**谷底**。現在花幾分鐘時間在這個表格上記下你生活裡的重要事件或經驗。你想推溯到多久以前都可以，從那時候開始記錄到現在為止。如果有某個事件或經驗堪稱巔峰（頂點、很正面的經驗），請寫在水平線的上方。如果是谷底（最低點、很負面的經驗），則在水平線下方。並用一兩句話大概描述巔峰期的每一個經驗。接著寫出是什麼原因激勵你爬上巔峰，或者那一路上是什麼價值觀在引導你的決策和行動。谷底的事件和經驗也如法炮製。找到每次跌進谷底的原因，再指出是什麼激勵你爬出谷底，或者是什麼價值觀引導你爬出谷底。

　　寫完後，再反省你在巔峰處和谷底處所看到的主題或模式。將它們當中共通的促成因素記下來，也把你最重要的一些價值觀寫下來。起碼你可以從這裡頭看出真正的自己、你的長處，以及對你來說最重要的是什麼。

基礎原則二：追求卓越

要盡你所能地成為最優秀的領導者，就必須很清楚是什麼核心價值觀和信念在引導你的決策和行動。你必須查出你最在乎的是什麼，還有它何以如此重要。你的動機必須是內在性的，不是功利性的。頂尖領導者不會把重點放在發財、升官或成名上。他們想要領導是因為他們真的關心眼前的使命和他們所服務的對象。

人們都寄望領導者有前瞻性。所以你必須能勾勒未來，吸引人們追隨前進。你一開始可以這樣：先想像你想成為的那種領導者。一個理想的領導者形象會產生必要的情緒能量拉著你前進。

領導力不只關係到你，也不是只在於實現你的價值和願景而已。更重要的是，它得幫助別人實現他們的價值和願景。模範領導者及其支持者都是在為一個更遠大的目標服務——那是一個超越自我的目標。身為領導者的你所擁有的成就，一定跟你可以幫忙別

人得到多大的成就脫不了關係。

在接下來的三個章節裡，我們會探討以下幾個跟模範領導者養
成有關的主題：

- 你必須知道什麼對你來說是重要的。
- 現在的你不代表未來的你。
- 這不只關係到你。

第七章

你必須知道什麼對你而言是重要的

　　想出一位你欣賞且認願意追隨的知名領導者。我們曾拿這問題請教過世界各地的人，大家想到的都是對原則問題有堅定信念的領導者。他們對清楚的價值觀有不可動搖的承諾。同樣的，我們所蒐集到的個人最佳領導經驗故事，就本質來說，也都是個人忠於某價值觀，堅定不移的故事。

　　谷歌（Google）的技術程序經理蓓琪・沙爾（Becky Scharr）從個人最佳領導經驗的反省當中發現到，你有必要去了解「你深信的是什麼，因為如果沒有堅定的信念，就不會有人追隨你，甚至沒有人重視你」。香港穆迪分析公司（Moody's Analytics）的副產品策略師奧莉薇亞・賴（Olivia Lai）體認到，「領導者的養成是一種內在的自我發掘過程。要成為領導者並精進領導力，得先界定自己的價值觀和原則。如果我連自己的價值觀是什麼都不知道，也不確定對自己有什麼期許，又怎能對別人有期許呢？」任職於西雅圖的Ultrazone鐳射室內射擊場的麥可・吉伯樂（Michael Gibler）被拔擢為副理時，很快領會到一點，要贏得別人的尊重，得先「清楚自己的價值觀」。曾在土耳其發行過電玩雜誌的內夫扎特・莫爾特・托庫（Nevzat Mert Topcu）告訴我們，想要領導別人，得先找到自己

的核心價值觀:「要誠實待人,得先誠實待己。」

　　蓓琪、奧莉薇亞、麥可、內夫扎特和全球其他許多領導者,都透過自我發掘的過程,對領導統御的基礎所在有所領悟:要成為模範領導者,得先發掘出什麼對你來說是重要的,你在乎的是什麼,你重視的是什麼。你相信你的工作和生活必須遵守某些原則,唯有弄清楚那些原則是什麼時,才有可能成為你自己故事的作者,你自己歷史的締造者。「我終於明白,每個人都有自己的信念和價值觀」,這是另一名還在崛起中的領導者痛徹心扉的領悟,「人們想要領導,就得先自我溝通,把真正的自我展現出來。我必須讓別人知道和了解我的想法,才能成為好的領導者。要是我連內在那個真正的自我都不願傾聽,別人又怎麼可能願意追隨我呢?」沒錯,千萬記住,第一個追隨你的人是你自己。

　　你有沒有過這種經驗?你才走進某個地方或進入某種處境,便感覺不太對勁,你不屬於那裡,眼前的環境令你不安。又或者你有過另一種經驗:你知道你屬於這裡,你可以做你自己,「這地方很適合我,這裡可以讓我發揮所長,學到新的東西」。當然這些經驗你可能都有,每個人也都有過類似經驗。這就跟你在任何團體或工作上可能遭遇的經驗一樣。你會在一個時間點突然發現這地方恰巧很適合或者根本不適合你這個人、你的價值觀和你的信念。當你打從心底或從靈魂深處感覺到這份工作令你沒有歸屬感,你不可能久待下去,也不會做出太多承諾。你若很清楚自己重視什麼,就會根據自己的原則,在充分準備的情況下做出選擇,不會只是一時興起,或者看見推特的轉發消息或臉書上的表情符號便驟下決定,而

且在遇到困境時，也會堅持下去。資料顯示，承諾度通常會隨著你對自我個人價值的了解程度而變化。[1]

　　若不清楚自己究竟相信什麼，較容易隨著每次的風潮興起或民意調查結果改變立場，老愛按重複啟動的按鈕。沒有核心信念，觀點總是臨時變來變去的準領導者，會被認為是反覆無常、不可信賴，在行為上太講究政治正確性，被人看輕。在遇到困境時，也沒有任何東西可以引導他們度過未知和沒有把握的領域。學習成為優秀的領導者，你會要求自己弄清楚你重視的是什麼，你在乎的是什麼，必要時，甚至願意做出犧牲，以確保其正確性、有效性、公平性、正當性、安全性和持續性。

清楚的價值觀能提升投入的程度

　　你的基本價值觀和信念代表的是你的核心本質，它們會影響你生活中的各個層面：你的道德判斷、你信任的人、你回應的訴求，以及你對時間和金錢的分配方式。價值觀會幫助你判斷什麼該做、什麼不該做。你的時間、你的注意和你的認同會被很多興趣爭奪瓜分。在你聽取那些聲音之前，必須先聽聽發自你內心的聲音，讓它來告訴你真正重要的是什麼，你才會知道何時該答應，何時該拒絕，而且說到做到。如果連你都搞不清楚自己的個人價值觀是什麼，又怎能為你的信念挺身而出？如果你根本不曉得什麼對你是重要的，你又怎能大聲發言？如果你沒有任何堅定的信念，又怎能有勇氣力挺？如果你沒有任何立場，又如何站得住腳？人們欣賞的

領導者，不管是公眾人物還是個人舊識，都對原則問題有堅定的信念、對清楚的價值觀有不可動搖的承諾、對自己的理想滿懷熱情。

　　譚美・利維（Tammy Levy）高中畢業後決定先到以色列居住一年，結果待了三年才回到美國。她說在以色列的那幾年，她被迫好好思索自我，以及她在宗教、政治和人際關係上的信仰：「那是一段自省的時光，我的內心一直掙扎交戰，想要找到自己。」研究所畢業進入職場好幾年後她反省道：「我這一生中都在自我開發和學習，我會不斷內省和質問自己。若是心裡沒有這樣持續地交戰，我就不會有成長，也學不到任何東西。」這也是每位領導者都得踏上的旅程。

　　有研究顯示，每個人都有多達一百二十五種的價值觀。[2]你當然無法對這麼多價值觀都做出承諾，但你必須知道哪些少數價值觀對你來說最重要。你必須知道什麼價值觀你願意為它做出犧牲，哪怕是以命相抵。這些選擇不見得容易，但卻是必要的。你必須心裡很清楚，做決定時你是完全忠於自己和你的立場。

　　要進入領導力開發的第三個階段，也就是我們在第六章討論過的內容——在這個階段，你必須發出自己的真實聲音——就得致力於幾個不朽的信念，這些信念會界定你和考驗你。它們的存在是必要的，你才會知道東西南北在哪裡。它們就像你心裡的羅盤，可以為你日常生活的方向導航，敦促你踏出改變的第一步。當你很清楚有哪些路標會指引你方向，或者你知道有哪些路標叫你突然轉向，甚至可能帶你走進死胡同，你就會比較容易堅守你已經選擇的道路。誠如益華電腦科技公司（Cadence Design Systems）首席學習

長史賓賽・克拉克（Spencer Clark）曾向一位領導力開發課程學員解釋的：「了解真正的自己，有助於引導我決定該做什麼以及怎麼做。」

　　這不是理論，也不是推測。舉例來說，研究發現最清楚自己價值觀的人，會有強烈的自覺想要實現人生抱負，最願意花時間賣力工作，最能忠誠以對自己的組織，最不在乎工作壓力。[3]清楚的個人價值觀會使你更全心投入眼前的工作，讓你在工作上更專注、更有動力、更有創意、更全力以赴。你會覺得充滿能量，願意主動出擊，邁步向前。

　　清楚自己的中心信仰，不只會提升你對領導統御的企圖心，也會顯著影響團隊成員以及周遭人士的投入程度。若是屬下強烈感受到他們的領導者很清楚自己的價值觀和領導哲學，便會更願意反過來要求自己發揮團隊合作精神，他們會為組織感到自豪，矢志為組織成就全力以赴，願意更賣力工作達成組織目標。在被問到他們有多信任管理階層時，認為領導者「幾乎總是」很清楚自己領導理念的受訪者對領導者的信任度，比那些認為領導者「幾乎從不」清楚自己領導理念的受訪者要高出百分之六十六。除此之外，我們發現部屬對領導者個人價值和個人原則的清楚程度，跟他們評定領導者的成效高低有直接關聯。你會發現到，如果與他們共事的領導者很清楚自己的立場，他們也會更專注在目標上，對工作職場持更正面的態度。

　　所以證據確鑿。唯有根據自己最在乎的原則問題施展領導力，才會拿出成效，否則就只是裝腔作勢，終將被看破手腳。當你釐清

了自己的價值觀，找到自己的聲音，你就有足夠的自信表達想法、決定方向，做出棘手的決策，展現果斷的行動，掌握自己的人生，不再冒充別人。這也難怪如果你的工作內容符合你的價值觀，你做起來就會特別扎實和滿足。

以價值觀為基礎的領導力才能撐起成功的事業

你的價值觀說明了你為什麼選擇加入這些組織，而不是那些組織；何以走上一條獨特的生涯道路；又或者為什麼會決定去追求新的志業。你的價值觀也會解釋何以你在那些組織和事業裡會成功。最近有大規模的研究調查以有力的證據證實了價值取向的重要性。

其中一項最周全完善的研究調查是針對內在動機（在該研究裡，也被稱為以價值觀為基礎的動機）的影響力，調查從進入西點軍校到退役後的一萬名美國軍官，[4]該人口占了美國軍事學院畢業生的百分之二十。這種長時間追蹤單一人口的研究實屬罕見。而該研究的結果提供了重要的資訊，證明在接受過教育和訓練之後，動機因素可以成就出領導力。

研究人員一開始先探究是什麼動機促使受訪者去讀軍校，在受訪者給的理由當中，有兩類動機因素最值得關注。其中一類被稱為**內在性**，另一類則被貼上了**功利性**標籤。內在動機有「個人自我開發」、「渴望報效國家」和「領導訓練」這類東西。功利性動機則是「能夠找到比較好的工作」、「西點軍校極富盛名」，還有「可以賺到更多錢」。畢業後，研究人員繼續追蹤畢業生在部隊裡四到

十年的領導力表現。

他們發現到,「具有內在動機的受訪者,在軍旅生涯的表現高過於那些有外在和功利性動機的受訪者。我們還意外發現到,那些兼有內在和外在動機的人,在領導者的養成結果中,並不如那些以內在動機為主的人。外在動機的增加,並無法使領導者的表現更好。」他們更進一步做出結論,「我們的研究證實,那些主要以價值觀做為動機而展開領導的人,也就是以固有的內在動機為主的領導者,在表現上都優於在動機裡頭放進更多功利算計和報酬的人。」[5]

換言之,那些因價值觀而決定從軍的軍校生 —— 想成為出色的軍官才決定從軍的軍校生 —— 畢業後的成果表現都優於那些只是為了退役後找到好工作的人。你選擇做某件事的最初理由,可以決定你日後在這件事情上的成功與否。成功似乎只會跟著那些因目標具有內在價值才決定投入追求的人,而不會跟著那些因目標具有外在報酬才決定去做的人。你決定在乎什麼,這將成為你人生與事業成功的因素之一,兩者有絕對的關係。針對創業家所做的研究也顯示出類似結果:具有使命感的創業家在表現上優於以賺錢為目的的創業家。以改變世界為使命的創業家,會比為了謀取厚利、已先想好退場策略的創業家來得更成功。

在這些研究發現中還有另一層更細微的含義。參與任何領導力開發活動對你來說,都應該是內在驅動下的重要決定。你想參加任何教育、訓練和輔導的理由,必須是你想成為最優秀的領導者,以便發揮影響力來改善別人的生活。如果是為了升官、加薪或者爭取

獎金才參與，恐怕會降低成效。這跟普遍的看法完全迥異。

　　請做出睿智的選擇。你今天的立場和信念不僅會影響今天的你，也會影響你日後的成就。

✍ 重點訊息和行動

　　本章的重點訊息是：你必須清楚知道自己決策和行動背後的核心價值觀及信念。你必須確定你最在乎的是什麼，以及它的重要性。要全力成為最優秀的領導者，動機必須是內在的，不是功利性的。表現頂尖的領導者不會把注意力放在發財、升官或出名這三種事情上。他們想要領導是因為重視影響力的發揮及扛在肩上的使命。

自我訓練行動

　　想像你有機會休假六個月，而且所有費用都付清了。這次休假，你什麼工作都不能帶。休假期間，你不准跟辦公室、代理商或工廠裡的任何人聯絡，書信往來、手機、簡訊、電子郵件或任何形式的聯絡方式都不行。

　　在你離開前，你希望那些與你共事的人在你休假期間仍謹記幾件事。譬如，你想確保你休假期間，他們知道他們的決策和行動仍得遵循你所堅信的原則，包括他們彼此相處的方式、合作的方式、處理衝突的方式等。

　　但不准有冗長的報告，只能寫出一頁備忘錄。把握這個機會將此備忘記在你的領導日誌上。

第八章

現在的你不代表未來的你

回首十年前，今天的景物跟十年前一樣嗎？回首十年前，現在的你還在做一樣事嗎？我們相信答案應該是否定的。

還有兩個問題要考量：放眼未來十年，你期待那時候的世界會跟今天的世界不一樣嗎？還有從現在算起的十年後，你期待你做的事情跟現在做的不一樣嗎？我們敢打賭你對這兩個問題的答案也一定是肯定的。所以很明顯，不是嗎？

時間不斷流逝，環境背景和人都在改變。未來的世界很可能跟現在、以前的世界都不同。未來的你也可能跟現在、過去的你都不同。雖然這個說法好像很簡單易懂，但你必須能領會這個結論的重要性。[1]因為這涉及到領導者的工作本質，而且其中很大一部分會影響到五年後、十年後或二十年後的未來景況。它強迫你去反問自己以下幾個問題，譬如：我希望十年後的世界是什麼樣子？我對未來的抱負是什麼？我要怎麼幫忙創造未來？我要怎麼做才能影響別人的未來方向？我想成為什麼樣的人和什麼樣的領導者？

領導者的領域是在未來

有能力去想像未來是人類的基本特性，也是現代人類之所以有別於其他物種的地方。至於有能力去想像精采可期的未來可能，則是領導者的一種競爭力。我們調查過世界各地成千上萬的人，請教他們對領導者的期許，他們告訴我們，在他們最欣賞的領導者身上，**具有前瞻性**（有願景、有先見之明、關心未來和有方向感）是僅次於誠實的第二個特質。平均而言，百分之七十一的美國受訪者選擇這個特質。在亞洲、歐洲和澳洲，對於前瞻性的偏好度甚至高出了百分之十。至於任職於組織高層的受訪者，則有百分之九十會選擇**前瞻性**這個答案。[2]

所謂具有前瞻性跟在最後期限前完成眼前的專案計畫是不同的，無論這專案的期限是三個月、一年、五年或者十年後都一樣。領導者的工作是去思索期限以後的事情，領導者必須思考的是，「這個專案計畫完成之後，我們要做什麼？」如果你不去思考為期最遠的專案計畫完成之後會發生什麼事，你的思維深度和廣度就跟別人沒什麼兩樣。換言之，你的看法可有可無。身為領導者的你，必須思索出下一個專案計畫，以及再下一個、再下下一個。

領導能力的開發需要花相當多時間去思索未來，而非只思索眼前的工作。你得針對未來及時定位行動，而不是只懂得因應過去和眼前的事。被動反應只能維持現狀，唯有主動出擊，才能讓你邁步向前。

　　另一個該提出來的關鍵問題是「有什麼更好的選擇嗎」？有什麼會比你（個人或組織）現在在做的事情或預期未來會做的事情更理想？這個問題會促使你在思維上更具前瞻性。要讓人們願意投入必要的時間和精力去完成更多事情，關鍵要素之一，就是強調從長遠看生活會變得更美好，藉此幫助他們從現有處境中找到意義和目標。[3]

　　雖然一般人都很強調前瞻性的重要，但要小心兩點。第一，比較年輕及工作經驗有限的受訪者，不像年紀較大或工作經驗較豐富的同僚那麼重視前瞻性這個特質。二十出頭和在第一線工作的主管，對前瞻性的重視程度比中階經理人少了二十個百分點，比管理高層少了四十個百分點。一般人對於優秀的領導者必須具有前瞻性的這個看法，會隨著時間的推移和職責的增加而越來越認同。你必須跨越這條差距曲線，方法是從現在起就開始培養你的長遠思維能力。

　　第二，據我們的資料顯示，人們對勾勒未來或號召他人方面的能力，不像其他領導實務作業那般擅長或應付自如，[4]他們的同僚和屬下也有同感。所以多數領導者必須學會共同願景的啟發技巧。這個發現意謂，你必須更有計畫地學會展望未來和討論未來。因為你的時間可能被其他許多事情瓜分，所以你必須盡全力掌握未來動向——包括現在雖沒發生但理應發生的事、可能發生的事，或者若想過得比今天更好，就一定得發生的事。誠如全國曲棍球聯盟（National Hockey League）有史以來最厲害的得分王韋恩・格雷茨基（Wayne Gretzky）所言：「好的曲棍球選手會去冰球所在的地方

揮桿，但真正厲害的曲棍球選手是去冰球的未來落點揮桿。」

要看出未來走向，就得細察當下

日常生活的壓力、變革的步調、問題的複雜度和全球市場的混亂，常常會劫持你的腦袋，讓你以為自己沒有時間也沒有精力思索未來走向。但思索未來不見得會讓已經忙不完的你再多增額外負擔。儘管這聽起來似乎有點違反常理，但最適合創造未來的時機，是對現況相對留心之際。

缺乏前瞻性的最大因素可能是因為你無心在當下，而非其他原因。你必須離開自動駕駛艙，別再不注意周遭發生的事，別再自以為該懂的事你都懂，總是透過預設的觀景窗去看這世界和只是從單一角度去作業。你這樣完全沒有活在當下。你的軀體也許在屋內，但腦袋卻關掉了。要想讓自己更有能力構思出新穎的創意手法來解決今天的問題，就得先**停、看、聽**。

你必須每天**停止作業**一段時間。在你的行事曆上騰出一點空白。你必須提醒自己，干擾性電子裝置都有開關，所以請關掉手機、簡訊、電子郵件、智慧手錶和瀏覽器。停止動作，停止分心。開始留意四周的動靜。要看清事情，就得活在當下，你必須全神貫注，必須充滿好奇。

看看四周。多數的創新發明都是因為留意到眼前所發生的事情，而不是從水晶球裡看到。最優秀的領導者從以前到現在都是人類生存狀態的熱中觀察者，他們比一般人更注意周遭事物，所以你

也試試看吧！先從全新的角度去看熟悉的事物，從中尋找差異，尋找區別，尋找模式。從多元觀點來看事情，找出沒被滿足的需求。

還有**傾聽**。傾聽微弱的信號，傾聽言外之意，傾聽沒有被聽見的聲音。傾聽不同的聲音，留神傾聽你以前沒聽過的事物。

停、看、聽的時候，你會很驚訝四周竟然有這麼多可能。領導者通常都找得到未來的路，因為他們會坐立不安，對現況永遠不滿。不管眼前的事進行得多順利，領導者仍然相信好還可以更好。大多時候，他們會在事情出岔之前就把問題解決掉了。

勾勒未來

一般來說，勾勒未來都是從先隱約有股欲望，想做點什麼挑戰自己或別人開始。隨著欲望的漸趨強烈，你的決心也越來越強。這股內在能量大到會迫使你去思索自己最想做的事情是什麼，最深切在乎的是什麼。你大概知道跟大家一起完成這趟旅程後，產品、流程、服務、團隊或組織看起來會是什麼感覺、究竟像什麼樣子。你甚至想把對未來的想像畫或寫出來。

因為你希望你創造的東西很獨特，你希望你的組織或志業有別於其他生產同樣產品、提供同樣服務或做出同樣承諾的業者。你相信自己的願景是與眾不同的，也是完美的。畢竟你想要制訂的是一套完美、美好或卓越的標準。你希望自己的標準能成為別人的楷模。就因為它可能只是對未來的一種想像，還不是發展完全或可以詳細描述的東西，但不代表你不能邁步向前。這有點像是夜裡開著

車燈駕車,也許你只能看到車前方近距離內的路況,但你還是可以靠這樣的方式開完整趟車程。領導者會對未來有一種完美獨到的想像,或被普遍稱為願景。

為組織、改革或運動所勾勒的願景,以及對旅程的想像,當然都比夜裡開車這種事要複雜多了。你不見得要遵循一套順序流程來弄清楚自己的願景——尤其如果你正在試圖成就的是別人從沒有成就過的東西。任何開拓者在努力奮鬥的時候,都沒有地圖可以研究,沒有指南書可以參考,也沒有圖片可以查看。他們只能想像各種可能。就像維京人(Vikings)準備首航一樣,探索者也只能靠自己的想像。在沒有前人經驗的帶領下,第一位前往探索的人或許會發現夢想只是一場空,又或者願景比當初以為的更難實現。

但往好處想,缺乏前人經驗意謂開拓者可以打造出自己想要打造或發掘的未來。幾個世紀前出發前往尋找新大陸的探險家,通常也都不切實際:他們的船隻不大,就連補給也不夠。但這種不切實際並未阻礙他們出發探險。事實上,反而成了一大助力。他們夢想中的各種可能為他們的熱情加柴添火,甚至幫助他們說服別人未來利益可期。

你的理想自我

未來的願景不屬於預言,它們是創造。沒有人敢百分之百確定未來的樣子,因為有太多因素得考量,但是你可以說你希望未來是什麼樣子。而展開這個對話的方法是,先強調你希望你未來是什麼

樣的領導者。

成為模範領導者會從根本改變你這個人。它改變你跟自己的關係，你不再只是獨立貢獻者（individual contributor），從今以後你會帶別人展開旅程，前往他們不曾去過的地方。

成為領導者的你，會慢慢改變你的自我呈現方式。大家期許你可以為你和組織所支持的價值觀起帶頭模範作用。

它改變了你看未來的方式。大家期許你能夠想像出未來各種精采的可能，並傳達給其他人知道。

它也改變了你回應挑戰的方式。大家期許你能從容面對各種不確定性，勇於實驗，從經驗中學習。

它改變了你與他人的關係。大家期許你能夠建立人際關係，促進合作，幫助他人更上層樓、並打造人與人之間的信任。

它改變了你欣賞別人的表現方式。大家期許你懂得如何由衷地肯定他人的貢獻，表揚團隊成就。

坦誠面對這些期許，用最好的自己來施展領導力，這意謂著你必須很清楚自己想成為什麼樣的領導者，而且心安理得。我們會在下一章探討**共同利益下**理想的未來面貌，但研究顯示，「有心改變背後的感情驅動因子」（emotional driver of intentional change）來自於你的理想自我（ideal self），[5]是這個生成器在喚起你所需的正面情緒，讓你繼續往前邁進。

✍ 重點訊息和行動

　　本章的重點訊息是：人們期許他們的領導者具有前瞻性，這個特質區分領導者和獨立貢獻者的不同。要對未來有前瞻性，得先從留意當下開始。對你周遭發生的事情停看聽，這樣一來，才更能掌握住自己和別人的志向抱負。想要有能力驅動他人邁步前進，就得先有能力去想像未來看起來、聽起來和感覺起來是什麼樣子。著手的方法是先想像你自己五年、十年或二十年後會是什麼樣的領導者。這個理想的自我形象會生成必要的情緒能量，推動你前進。

自我訓練行動

　　想像從現在算起十年後的你被尊為「年度領導者」（the Leader of the Year）。你正要參加一場專門為你舉辦的典禮，同事以及家人好友都一一上台讚揚你的領導力，說你如何正面影響他們的人生。你希望他們怎麼形容你？你希望那天人們記住你什麼？這份作業不是在教你自大，而是要你反思你希望留給後人什麼印象？在你的領導日誌上，針對以下的L.I.F.E.寫下你的想法：

　　功課（Lessons）：你希望別人說你教會了他們什麼重要的功課？比如，他教會我如何以優雅和堅定的態度面對逆境。

　　理想（Ideals）：你希望別人說你體現的是什麼樣的理想──價值觀、原則和道德標準？比如他體現出的是同理心與為人服務。

　　感覺（Feelings）：你希望別人說跟你共處的時候或想到你的時候有什麼感覺？比如，他總是讓我覺得我有能力完成不可能的任務。

　　表現（Expressions）：人們會說你留給他們或後人什麼樣的成果表現或長遠貢獻──具體和非具體。比如你看到他在教過的學子身上留下了他的經驗，讓他們繼續成就大事。

　　檢視你所寫下的內容，同時找出裡頭的中心思想。定期回頭檢視你的L.I.F.E.，至少一年檢視一次，並加以更新。除此之外，也可以利用這個方法來了解自己如何成為想像中那備受尊崇的完美領導者。

第九章
這不只關係到你

　　人們總是問：「你們怎麼定義領導力？」雖然我們有我們的定義，但在回答之前，我們往往會先把這問題丟回給提問者：「你覺得最簡單的答案是什麼？有什麼最簡單的方法可以知道某人是不是領導者？」[1]

　　我們得到的答案也始終類似這個版本：「他們都有追隨者。」這是頓悟的一刻。所以要界定某人是不是領導者，得看對方有沒有追隨者。如果沒有追隨者，就不算是領導者。要是你正大步朝未來某個目的地前進，但轉身一看，沒人跟著你，你就只算是出來散散步而已。從根本來說，領導統御就是渴望領導的人跟選擇追隨的人兩者之間的關係。所以如果沒有人追隨你，這中間就沒有領導者與追隨者的關係。你所看見的和他們所想要的，兩者之間沒有任何東西連結起來。不管這種關係是一對一或一對多都一樣。

　　別執著於當領導者這件事情上。哪怕艾倫・達多（Alan Daddow）當年是西澳大利亞農事企業公司Elders Pastoral的掌權者，他也明白他的「責任是盡我所能地極大化團隊的成效。」同樣的，人們在回顧個人最佳領導經驗時，都會意識到這「不只關係到我，而是關係到我們」。誠如全球企業通訊網路供應商亞美亞

（Avaya）的研發總監桑尼爾・梅農（Sunil Menon）所指出：「領導者知道他們需要夥伴才能成就非常之事。他們會主動投注很多心力，建立起值得信任的人際關係。」就像艾倫和桑尼爾一樣，你必須明白唯有讓組織裡的每個人都成就出他們必須成就的事，你才算成功。如果你的訊息是「我要你們來幫我變得成功」，那麼就算有人在追隨你，也不會追隨太久。可是如果你的訊息是「我在這裡是要幫助我們大家都能成就共同的理想」，他們就會追隨你。

沒有追隨者，就沒有領導統御這回事，這一點領悟會讓你學會謙卑。它是在提醒你領導統御不是只關係到你這位領導者，也不是只關係到你的願景或價值觀，而是關係到**共同的**願景和價值觀，也關係到讓每個人都朝共同目的、共同理想邁進。

這種互惠關係的影響相當深遠。當人們自覺不受經理或主管重視或賞識時，另覓他職的可能性，比那些自認跟主管關係牢固的人多出四倍，這數字會不會令你很驚訝？或者說多數經理人之所以事業失敗是因為和他們的屬下關係不好，這說法會不會也讓你很驚訝？[2]

當然，人們得先開始互相談話和分享資訊，人際關係才會展開，而且一定要有人先主動才行。你應該率先主動與他人分享自己的事情，這有助於建立信任。但如果沒有人願意接話，就不可能成就非凡之事。

你必須看到別人看到的東西

馬丁路德（Martin Luther King Jr.）在一九六三年八月二十八日大遊行發表的著名演說中，曾大聲疾呼：「我有一個夢。」這個夢有未來的影像：「在喬治亞州的紅色山丘上，昔日奴隸的兒子將能與昔日奴隸主子的兒子像兄弟一樣同桌而坐」、「有一天阿拉巴馬州的黑人小男孩和黑人小女孩，將能與白人小男孩和白人小女孩像兄弟姐妹一樣手牽手」、「當我們讓自由的鐘聲響起時，當我們讓它響徹在每一座大小村莊，響徹在每一州和每一座城市時，我們將加速那一天的到來，屆時，上帝的所有兒女、黑人與白人、猶太人與異教徒、基督徒與天主教徒都將能手攜著手……」

他也說：「這是我們的希望，」然後又大聲說，但除非「我們願意一起合作、一起奮鬥、一起坐牢」，否則將無法實現這個夢想。[3]那天集結在林肯紀念堂（Lincoln Memorial）的群眾都對馬丁路德的演說內容歡呼喝采，不單因為他是一位鏗鏘有力的演說者。他們之所以鼓掌歡呼是因為他們可以把那個夢想聯想成自己的。他說的是他們的希望與渴望，不只是他的而已。他們之所以看得到他看到的影像，是因為他看得到他們的想像。

雖然你必須很清楚自己的願景和價值觀，但你也必須留意周遭的人。如果你在他們當中找不到你們都很在乎而且可以將你們密切連結的東西，就等於找不到共同的目的，更不可能成就什麼。幾乎沒有人喜歡聽到別人告訴他「這是我們要去的地方，現在上來，我

們走吧」這句話，不管其中的詞藻有多華麗和多美好。他希望你能聽到他們的心聲，他們想看見自己出現在你勾勒的藍圖裡。「我能從中得到什麼好處？」這問題很公平也很合理。

這表示「盡你所能地成為最優秀的領導者」這句話的意思是，你必須打從心底深處知道**別人**想要和需要什麼。你必須了解他們的希望、他們的夢想、他們的需求和他們的興趣。你必須熟悉自己的支持者，用最能吸引他們的方式與他們相處。

你必須與他人有共鳴

要在共同目標下爭取他人的支持，你必須對別人認識得更深入，而且深入的程度恐怕會讓你覺得不太自在。它需要你去了解對方最大的憧憬和最深的恐懼；它需要你對他們的歡喜與憂愁有更深切的體悟；它需要你去體驗他們體驗過的生活。

要做到這一點，不用靠什麼魔法，也不必靠什麼先進的火箭科學。重點在於非常非常小心地傾聽，了解別人想要什麼。但如果他們不能清楚表達自己想要的是什麼，或者他們不知道自己究竟需要什麼，那該怎麼辦？所以才要你當個好的傾聽者啊。傾聽不能只聽表面的言語，你必須全神貫注。重點是沒說出口的話，你要聽出言外之意。你要注意什麼會讓他們微笑，什麼會令他們生氣，他們如何支配自己的時間（不光是工作上的時間），諸如此類等。不過從領導統御的角度來看，你可以確定的是，每個人都希望明天過得比今天好。他們不見得都想要同樣的東西，但他們都希望有所進步和

改善。

我們一定要再三強調：領導是一種人際關係。但有很多人堅信，在一個組織環境下，你不應該和其他人太過親近，因為這不只會蒙蔽你對他們的判斷力，也有礙你做出可能影響他們的棘手（或不受歡迎的）決定。

如今在企業軟體解決方案公司 GOAPPO 擔任副總裁和首席宣傳官的瑟吉‧尼基福羅夫（Sergey Nikiforov）曾在事業生涯早期告訴過我們，他「曾經有好幾年的時間盲目遵從這類建議，完全沒有想太多」。但有一天，他決定實驗一下跟辦公室裡的人有「正常的人類接觸」，會有什麼結果。於是他發了一條簡訊給他的技術幕僚，告訴他們若時間允許的話，請到當地一家餐廳共進晚餐。他提早到達，充滿期待地坐在空無一人的桌前，好奇會不會有人來，心想他們可能會懷疑私下請他們用餐的理由是什麼。終於同事一個接一個地抵達。瑟吉說：

　　我們默不作聲地坐在那兒看著菜單好一會兒，氣氛有點尷尬，最後我決定自我坦白。告訴他們這次聚餐的理由其實跟工作沒什麼關係，我只是想打破上司／屬下之間的障礙，多了解他們。我對他們每個人的專業都很熟悉，但在工作以外，對他們的認識卻是微乎其微。我不是很了解他們，我向他們致歉，我希望他們能把這次晚餐視為一種善意的表現，就像是伸出一隻手歡迎以個人身分出現的他們，而非以技術身分。

　　結果他們對我也有類似想法：我的屬下都只認識身為上司和專業

人員的我，卻不確定私底下的我是什麼樣的人。那天晚上我們整整聊了四個小時！他們都很熱情地分享自己的生活、抱負、嗜好、度假計畫等林林總總的事情。那晚聽他們侃侃而談時，我才發現我以前有多弱智，竟然從來沒有私下好好認識我的同事。少了這層私下的接觸，我的見聞將變得多狹隘。

瑟吉發現就算只是出去吃頓晚餐這麼簡單的事，也有助於發現彼此之間的共通點，使他們願意互相傾聽，而且就像他說的：「敞開心胸。」

找到共通點，你才能有一個基點去建構、創造一個平台，供你構築美好的未來。以這種方式去認識你的工作夥伴，有助你了解你想創造的那個未來，是否也是其他人想要生活和工作其中的那個未來。舉例來說，最近研究發現千禧世代的人非常在乎工作與生活的平衡。他們很願意賣力工作，接受挑戰，但他們比上一代更想擁有私人空間，也希望能有更多時間陪伴朋友和家人。雖然不是每個千禧世代的人都是如此，但大部分都把工作與生活的平衡置於地位和金錢之上。[4]而他們出生於嬰兒潮那一代的父母，反而把工作置於家庭生活之上。不管你跟哪一個世代合作共事，要在未來的共同願景裡爭取別人的支持，就得先了解他們的需求。要做到這一點，便得分別認識你的主要支持者。

領導者與他人有了深厚的關係，方能意識到是什麼在驅動周遭的人，是什麼在凝聚他們。領導力成了對話而不是獨白。它是交談，不是背誦。

你必須有一個更大的目標

　　很多跟領導力有關的文章都給人一種印象，好像人們都只想追隨具領袖魅力的人。這個理論留給人的印象是，要成為領導者，你必須具有個人魅力，不然就得培養出某種吸引力和說服力，然後大家就會自動追隨你。事實並非如此。

　　人們想追求一個有意義的目標，不光是工作換取金錢而已。如果你想領導別人，你必須先把原則和目標置於一切之上。召喚大家前進的 —— 包括領導者和支持者 —— 是更大的使命，是它為眼前艱難的工作賦予了意義，才能成就非常之事。

　　工作有意義，才會全力以赴。我們從研究中發現，當人們說他們覺得自己在組織裡好像正在發揮影響力時，他們的投入度會比自覺沒有發揮影響力時來得高。其他研究人員也同樣注意到，「能在工作中找到意義的員工，會多出三倍的可能繼續待在原組織裡 —— 這在我們的研究裡是最高的影響變數。據報這些員工在工作滿意度上也高出了一點七倍，對於工作的投入度多出一點四倍。」[5]

　　當你在自己的工作裡頭找到意義時，也對學習產生實質好處。無論是學習領導，學習寫電腦程式，還是學習如何提供優質的顧客服務，這時若能有一個超越自我的目標，就能相當程度地提升個人的求知欲。擁有一個可能「影響自我以外的世界或與自我以外的世界產生連結」的目標，你才會對學習更投入、更堅持。也因為你的

積極參與，不管你做的是什麼，再百般無聊你都可以抵擋得了其他誘惑。[6]學習領導是很有挑戰、也很有難度的，有時候甚至可能單調乏味。但如果你知道你投入的是某種比自我還要宏大的東西，是某種可以改善你同事、顧客、家人、朋友或全球公民生活的東西，再艱難的挑戰也會甘之如飴，不畏困難地克服。

研究也顯示，相較於把工作視為一份差事或事業，若將工作視為某種使命，對工作和生活的滿意度反而最高。使命感也有助於健康。[7]在工作中找到意義和目標，所得的好處遠超過薪水和紅利。成為一位模範領導者是個很值得的經驗，它不只帶來成就感，還能覺得受重視，而且是在服務他人。

✍ 重點訊息和行動

　　本章的重點訊息是：領導力不只關係到你，也不只是在實現你的價值觀和願景，更重要的是，幫助別人成就他們的價值觀與願景。對領導者和支持者而言，要點燃額外的熱情，得要讓人們覺得這一切努力都是為了一個可以超越自我的更大目標。身為領導者的你之所以能成功，絕對都跟你有多了解別人的希望、夢想和抱負有很大的關聯。你必須找到你和支持者之間的共同點，這麼做的意思是，你要能與能為他們的生活帶來意義與目標的東西產生共鳴。

自我訓練行動

　　請在你的領導日誌上，列出你的重要人際關係，包括你的團隊成員、你的經理、你公司內外的重要顧客、經常與你合作的同儕，以及任何與你有相互依存關係的人。如果這份清單太長，那就先從你最常聯絡的人開始。你要針對每個人反問自己：

- 這個人最看重的價值觀是什麼？
- 他的標準是什麼？
- 他對未來的希望和抱負是什麼？
- 這個人的工作和生活被什麼更高的使命賦予了意義？

　　你可能無法幫清單上的每一個人回答所有問題，就算你可以，也可能想找他們確認一下你的假設對不對。安排時間，私下面對面聊一聊。告訴他們你很想知道他們在工作職場和事業上最重視的是什麼，追求的是什麼。如果你可以事先把問題給他們，談話過程可能會比較順利，因為這類答案都需要深思熟慮。務必確保對話的語調要輕鬆一點，這畢竟不是正式面談，當然也不是在訊問對方。此外，他們可能也想聽聽你對這些問題的答案，所以你也要做好準備。只是你的分享方式要盡量把焦點放在對方身

上，而不是自己身上。

　　一旦答案都有了，就退後一步，看看這裡頭有沒有什麼模式。在他們的回應當中，有什麼共通的主題可以做為線索，讓你了解這些人是因為什麼共同願景才結合在一起。

基礎原則三：挑戰你自己

　　要盡全力將自己培養成領導者，就得踏出舒適圈。你必須尋求新的經驗、考驗自己、不怕犯錯，不斷在這條學習曲線上攀爬。

　　你必須具備好奇心，願意主動出擊，嘗試新事物，實驗新穎的點子和全新的做事方法。過程中，難免會犯錯，甚至失敗。但關鍵在於從經驗中汲取教訓，周而復始地學習。

　　想要更專精於領導，就要勇敢無懼。面對困境時，仍堅持到底。思維上，要像馬拉松跑者，別像短跑者。在挺進的過程中，每個人都難免跌跌撞撞，別讓這些挫敗攔阻你或轉移你的目標。你要越挫越勇，練出韌性。

　　學習需要靠勇氣。當你挑戰自我時，可能會做一些令你卻步的事，過程中會有害怕與不安，你必須自己拿定主意，向前挺進，找到意義和目標，朝新的方向啟程。

在接下來四個章節裡，我們會針對如何成為模範領導者探究以下幾個關鍵主題：

- 挑戰就是你的領導力教練場。
- 保持好奇，不怕嘗試。
- 拿出恆毅力，保持韌性。
- 勇氣給你成長的力量。

第十章

挑戰就是你的領導力教練場

　　阿拉巴馬大學（the University of Alabama）商學院榮譽生和兄弟會成員凱利・阿戴爾（Kaily Adair）尤其喜歡人類的原因之一是：「我們從來都對現狀不滿。就某種意義來說，我們總是不斷地質疑、探索和創新，只為了改善我們的整體處境。」凱利的觀察透露出一個跟領導力有關的重點，就是挑戰是成就卓越的熔爐。[1]我們在第一章提過，在這裡我們要重申一次：從來沒有領導者可以在維持現狀的情況下成就非常之事。

　　凱利也補充道：

　　如果我們只滿意現狀，可能會永遠留在石器時代，永遠找不到方法駕馭電流，也永遠創造不出網路，讓全世界的人們得以連線。我們現在正在找方法治癒癌症，將人類送上火星，讓替代能源更為完備——每一天都朝還不到一個世紀前所認定的科幻小說邁進一步。更棒的是，一旦我們達成了，就能去尋找下一個成長的領域。我們總是不斷地朝挑戰前進。

　　IBM主席、總裁兼執行長吉妮・羅梅蒂（Ginni Rometty）也很

同意凱利的說法。她在二〇一五年《財星》雜誌（*Fortune*）舉辦的最具影響力的女性高峰會（Most Powerful Women Summit）上提出這樣的建議：「想想看你這一生中什麼時候學到的最多？那是什麼樣的經驗？我敢保證你一定會告訴我，是你覺得很有風險的時候。」[2]

要成為更優秀的領導者，就必須走出自己的舒適圈。你必須挑戰傳統的做事方法，尋找創新的機會。領導力的操練，不只要求你挑戰組織的現狀，也要求你挑戰你內在的現狀。你必須挑戰**自己**。你必須越過界線，往你現有經驗以外的地方探索，那裡有很多可以改善、創新、實驗和成長的機會。成長這種東西總是處於邊緣地帶，就在你此刻所在的界線之外。

挑戰自己不代表你必須出走去著手全新的東西，開家新公司、展開社會運動或者改變歷史，才能被認定是領導者，而是針對如何改善現狀去探索、調查和實驗。只要環顧一下你現在的居家、鄰里和職場，就會注意到有很多事情其實沒有妥善運作。所以要想改善眼前現狀做出可能的影響，其實並不缺機會。

人們被挑戰的時候，就會使出看家本領

挑戰對領導力來說是決定性背景。我們在研究裡的確發現到受訪者會以領導者身分使出所有看家本領面對挑戰。而且不光只是領導力，對於學習來說，它也是決定性的背景。

在第三章，我們描述了個人最佳領導經驗的個案研究，我們是

用這種研究方法在調查人們以領導者身分施展本領時的表現。檢視了成千上萬椿個案後，我們的結論是：第一，每個人都有領導故事可以分享；第二，這些個案裡的領導行動和作為都相當類似。模範領導的五大實務要領就是從這些回應模式整理出來的。

　　我們也從這些最佳領導實務作業個案裡，做出了其他結論：每一樁個案都跟改變、挑戰和逆境有關。個人最佳領導經驗裡的當事者總是說，他們得面對逆境，處理混亂的場面以及意料之外的難題和困境。他們就像在未知的水域裡探險──可能是個人層面，也可能是專業或組織層面。他們也告訴我們，他們得讓營運起死回生，或者展開全新的風險投資。他們得帶頭開發別人連試都不敢試的專案計畫，或者得身先士卒地處理別人退避三舍的問題。從來沒有一樁個案強調的是維持原狀，照以前的做法繼續做下去。從來沒有！

　　我們的研究顯示：

- 挑戰現狀和推行改革等這類機會，都是在創造條件讓你施展所有本領。挑戰是追求卓越的動力條件。
- 具有挑戰性的機會點往往能誘發出人們潛在的技術和能力。只要提供機會，不吝給予支持，久而久之，再普通的人也能在組織裡成就非常之事。
- 不見得總是成為領導者的人在尋求挑戰，挑戰本身也會尋找領導者。

另外請切記，我們都是請別人分享他們的個人最佳領導經驗，

從來沒要求他們跟我們談什麼變革、困難、混亂、波動，或是破天荒的第一次、逆境等等。但他們就是會主動提到這些，這也是為什麼我們會說挑戰是追求卓越的熔爐，維持現狀是平庸的溫床。

美國心理學和管理學權威教授齊克森米哈里（Mihaly Csikszentmihalyi），也是克萊蒙研究生大學（Claremont Graduate University）生活品質研究中心（Quality of Life Research Center）創辦人兼負責人，他在研究**心流**（flow）時，也有類似的發現──心流是指一個人完全沉浸於某種活動下，看起來似乎應付自如、毫不費力的狀態。我們通常都將這種狀態形容成「天人合一」（being in the zone）。他發現到「我們一生中最美好的一刻都不是出現在被動消極、感官享受或偷閒放鬆的時刻；最美好的一刻往往發生在為了克服困難或者一件值得做的事而自願發揮身心極限的那一刻。」[3] 不只有個人最佳領導經驗是我們發揮極限、克服困難才得到的成果，每一件在生活中令人由衷快樂的事情也都源於類似的體驗。

如果你想學習領導，那麼當事情一成不變時，你必須坐立不安，在領導態度上，你必須積極尋找機會來挑戰自己的技術和能力，願意對一切如常的環境進行實驗性改革。當你竭盡所能地努力做到最好時，那麼所謂的「夠好」就是「不夠好」。事實上，我們發現到人們越是指稱他們會在組織界線外積極尋找創新方法來改善現狀，就會在工作職場上越投入，成效也越卓越。而他們的經理人和同事認為這種行為以及為了自我考驗而尋求挑戰性機會的這類行為，會影響他們對這個人在成效表現上的正面評價。[4]

挑戰會讓你知道什麼才是重要的

　　挑戰、難題、挫折和困境，在領導力領域裡全都是再熟悉不過的視界。而它們要你做的其中一件事情就是面對自己。它會以相當嚴苛的方式提醒你，什麼對你來說是最重要的，你重視的是什麼，你的目的地在哪裡。蘭迪‧波許（Randy Pausch）在卡內基梅隆大學（Carnegie Mellon University）發表聞名全球的最後一篇演說時就已領悟到這一點。他一開始就震驚全場地告訴大家，他的肝臟有多顆腫瘤，醫生說他只有三到六個月的壽命。可是他隨即補充道：「我們不能改變拿到的手牌，只能改變牌的打法。」他說他沒有生氣，也沒有怨天尤人，他很清楚自己出了什麼事。然後他在演說中提出自己的觀察心得：「磚牆的存在是有理由的，它們杵在那裡不是為了阻擋我們，而是給我們機會去展現我們對某樣東西的迫切需要。」[5]

　　蘭迪自有獨特的個人遭遇，但其觀察心得卻適用於每個人，尤其和領導者有關。相較於其他人所面對的挑戰，你的挑戰有時候看起來好像無法克服。但你必須提醒自己，在你之前曾有好幾個世代的人熬過了世界大戰、經濟大蕭條和自然災害，他們必須適應技術的創新、科技的進步和文化的變遷。當時看起來像是磚牆的東西，其實都是通往全新未來的大門，所以請反問自己：「你要什麼？你有多迫切地想要它？」

　　挑戰──不管是克服逆境還是創造出獨特又全新的東西──

是給你機會反問自己一些跟目標和方向有關的基本問題。誠如我們在第七章所討論的，這也是另一個為何一定要知道「什麼對你來說很重要」的理由。

要成長，就要尋求挑戰性的機會

領導力學者華倫・班尼斯（Warren Bennis）曾說：「領導者是從領導作為中學習，而且在障礙當前之際施展領導力，學習效果最好。難題會造就出領導者，就像天氣會影響山的形狀一樣。難搞的老闆、缺乏遠見和道德觀的高層、非自身所能控制的大環境，以及自己所犯的錯，這些都是領導者得上的基本課程。」[6]吉妮・賴尼爾（Jeanne Rineer）是蘋果公司負責相機採購的經理，她也同意這一點。她說，領導者「會勇於冒險和實驗，尋找創新的方法進行改善。就算失敗和犯了錯，也會把這些錯誤當成學習的機會點，而非無能的象徵。」

最近幾個針對領導力狀態和主管培訓所做的研究調查，也支持華倫的觀點和吉妮的經驗談。在其中一項調查裡，主管指稱他們覺得最有效的領導力開發法是體驗式學習計畫（action-learning project）和延展型任務（stretch assignment）。[7]另一個研究調查則指出，像參與跨功能小組、以團隊合作方式解決某特定顧客的問題，或者成為全球專案小組的一員等這類活動，都是有效培養領導力的活動。[8]就像領導者必須在組織內外尋找機會拓展業務一樣，初學者也必須找到類似的機會點改進自我。所以如果你想培養領導

能力，就得主動出擊，自願投入那些可以發揮潛能、離開舒適圈的工作。你必須把它們當成是你個人領導力的培訓課程。想要學習，唯一的方法就是去做你從沒做過的事。如果你只做已經會做的事，永遠也學不到新的技術和能力，更無法培養自信，因為自信是隨著能力的增強而來的。

但千萬記住，學習的途徑不是一條直線。[9]假設你現在做的事都是你已經會的，而且做得很好，然後有人建議你必須學習新事物來提升自我。由於你急於超越自我，於是說：「太好了，但我不懂怎麼做，可是我願意學習。」但就在你投入學習之際，你的表現並沒有更好，通常一開始的時候都會先下滑。這也是為什麼它被稱為學習曲線。在學習新事物的時候，曲線幾乎都會先下降，然後才上升——如果沒有下降，就表示你只是在做已經會做的事。

全國寫作計畫（National Writing Project）的發展合作夥伴艾比蓋兒・唐納修（Abigail Donahue）也體驗到這種學習曲線。當時她有機會在組織裡的全國大會上召開一場研討會。她說那「恐怕是她這輩子做過最具挑戰的工作之一，為了組織這場會議，她得把自己的本領發揮到極至。」以前只要她一開始沒把事情做好，便會質疑自己的能力，並視它為一種應該收手的徵兆。但是艾比蓋兒發現到「一股可以繼續前進的內在能量，因為終於明白學習不是線性過程。你會犯錯，但你只需要振作起來，從錯誤中學習，再繼續前進。」

也許你這一生中曾不只一次被告知「第一次就要做對」。如果這是一套經過充分指導的方法，而且你又很在乎一定的品質，那麼

這個建議或許還不錯，但如果你是在嘗試學習新的事物，這建議就很糟糕。事實上，當你在學習全新的事物時，從來沒有人可以第一次就學會，或者第二次，甚至第三次就學會。學習過程中一定會犯錯，這才是學習的真諦，也是艾比蓋兒所領悟到的。

問題在於你**多快**可以學會？你可以從錯誤和失敗中多快學會教訓，把它做對？在你的腦袋裡想像那條學習曲線，你也知道任何的創新在成功之前都曾幾近失敗。如果每一位發明家、創業家或領導者都半途而廢，就不可能有新的成就出現。每次的失敗都會製造出寶貴的教訓，以防再次犯錯。韌性是模範學習者的基本特性，也是模範領導者的基本特性。導演兼編劇威廉‧斯特布林（William J. Stribling）告訴我們，「擁抱和熱愛失敗是我所學過最重要的教訓之一。失敗很討厭，而且每次都很難熬，但它最終都會有美好的結局，提供更豐富的視野。」他還說，成功和失敗得看你怎麼看待，他也說他最欽佩棒球經理和選手擁抱失敗的能力。他們一年要打一百六十二場球賽，只要贏球的場次過半就算是很大的成就。一個球員可能只有百分之二十五的機率揮棒打得到球，也就是所謂的打擊率。誠如威廉所言，「相信自己，對自己的能力有信心，你才能接受真正失敗（或可能失敗）的可能性，不再把失敗看得太可怕，甚至認為它是必然的。」失敗和失望是學習和生活裡在所難免的事，你的處理方式決定了你的成效與未來成就。你必須對自己也對別人誠實。你必須坦誠錯誤，反省過往經驗，才能汲取必要教訓，下次拿出更好的表現。

✍ 重點訊息和行動

　　本章的重點訊息是：要盡全力將自己培養成領導者，就得挑戰自己和面對眼前的挑戰。你必須走出舒適圈。你必須尋求新的經驗考驗自我，攀過磚牆大膽實驗，不怕犯錯，在學習曲線上不斷攀高。除非你覺得自己被逼到極限，否則你不會成長。

自我訓練行動

　　既然知道延展型任務是有效的學習和成長方法之一，那就好好想一想你的發展需求，然後在你的領導日誌上列出一份可能清單，再挑出其中一個能帶給你挑戰的任務——現有的技術不敷使用，而且是在舒適圈之外的任務。不必困難到讓你覺得壓力過大或害怕，但需要你把現有本領發揮到極致。比如說，如果想改善公眾演說能力，你可以私下自我提升，去參加公開演說的課程或者加入演講俱樂部（Toastmasters）。同樣的，也可以在專業上自我拓展，試著在辦公室或國際會議上，把書面報告改成口頭報告。

　　找方法挑戰自己去超越現有的本領。也許是到別的國家承接某任務和新的顧客群互動，或者從事某個你還不熟悉的職能領域。可能是在工作上學習使用新的電腦應用程式，或者架設專業的部落格，把你熱愛的議題寫成文章發表。你可以自願加入什麼團體嗎？或者有什麼任務迫使你必須加入？

　　另外要說的是，這種學習經驗不見得和你現在的工作或目前所學直接相關。也許你的成長機會是以學習一項新的運動、一種新的語言或者新的技能來呈現。你可以去拜會非你專業領域的人，或者多看電影、書籍、音樂，或者

去探訪平常不會去的地方。你甚至可以回頭嘗試以前可能不喜歡或不在乎的事情，再給它們一次機會，重新看待它們。

　　常常回頭檢視這份清單。挑戰這種事向來是你開發領導能力的教練場。自我拓展，面對新的挑戰，並非是要你查核清單上的項目做了多少，而是要你持續去做，才能進步與成長。

第十一章
保持好奇，不怕嘗試

　　三十多年來，我們一直都很關注唐・班奈特（Don Bennett）那極具啟發性的傳奇人生。他是全球第一位登頂雷尼爾山（Mt. Rainier）的截肢人士，我們是在他完成壯舉後才與他接觸 —— 他靠著一條腿和兩根滑雪杖攀上海拔一萬四千四百一十一英呎的雷尼爾山。當時我們在訪談中請教他那次壯舉的團隊領導術。[1]最近唐一直在談論他目前最熱中的截肢者足球聯賽（Amputee Soccer League）。他正努力讓截肢者足球賽納入殘障奧運的比賽項目，而且就快成功了。但真正有趣的地方在於這一切開始的過程。

　　在完成他的歷史性壯舉後，唐告訴我們，現在是他狀態最好的時候。他想要繼續做點什麼來保持良好的體能狀態，於是開始思考自己還能做什麼。有一天，唐在戶外看他兒子湯姆投籃。湯姆老是投不進去，籃球在地上彈來滾去。唐沒辦法彎腰撿球，只好單腿踢那顆籃球。他踢了好幾次，結果那天傍晚，他突然靈光一現。「等一下，」他對自己說，「既然我們可以單腿滑雪，為什麼不能單腿踢足球呢？」他繼續解釋道：

　　當時我只是有這個靈感，但是我對足球懂得不多，甚至不知道有

兩種尺寸的足球,便開始行動。我拿起電話,打給幾個朋友,跟他們說:「我們何不在默瑟島(Mercer Island)見。不要帶你們的義肢來,我有個點子,而且我真的覺得可行。」他們到達時,我拿出一顆足球。他們都帶了拐杖來,於是我們開始踢球,就這樣開始了。你一定要去試試看,去感受一下──我的靈感就是從踢那個球開始的。

截肢者踢足球的故事是不是捕捉到了領導者作為的精髓?當他們好奇時,對某些事有疑問時,就會這麼做。他們會去試試看,會主動出擊。

舉例來說,研究顯示,企管碩士班學生的主動性評分若是較高,就會被同儕認定是比較優秀的領導者。他們會比較投入課外活動以及有利於正向改革的公民活動。[2]同樣的,在主動出擊的項目上,得分較高的業務人員相較於得分較低者可能有更好的業績,領取更高的佣金。[3]此外,主動出擊才更能鞏固人脈,直屬上司也會給予更高的績效評鑑。[4]對領導者、支持者和他們的社群而言,掌握變革就會得到回報。同樣的,掌握住自己的領導力養成計畫,最後也會得到回報。

展現好奇,提出問題

有個簡單的方法可以練習主動出擊,那就是展現好奇。一般人對某樣事物感興趣時,通常會去打聽,急著想知道問題的答案。唐‧班奈特便是這樣的人,他會反問自己:「大家都會單腿踢足球

嗎？」他的好奇和問題帶領他發起一項運動，而這項有意義的運動讓他一投入便是幾十年的時間。如果你開始變得好奇，同樣事情也會發生在你身上。

成功的電影製片人，布萊恩・葛瑞澤（Brian Grazer）也是一樣。近年來好幾部深受大眾歡迎的電影都是他的傑作，包括《阿波羅十三號》（*Apollo 13*）、《美麗境界》（*A Beautiful Mind*）、《美人魚》（*Splash*）和《溫馨家族》（*Parenthood*）。他的傑出成就究竟歸功於什麼呢？他的答案是：「確切地說，好奇心是我成功的關鍵，也是造就我幸福的關鍵。」[5]他還說：「是好奇心給我能量，讓我去深入探索眼前每一件事。對我來說，好奇心為我所做的每一件事賦予無限的可能。」[6]

布萊恩如何展現好奇？「我會提問。然後這些問題就會激盪出有趣的點子。提出問題可以建立合作關係、製造出各種連結，將不太可能的主題結合起來，也讓不太可能的合作者一起共事。」[7]在他個人看來，要學習別人的經驗、增長知識及洞悉眼前的處境，最好的方法之一就是提出問題。

布萊恩建議，如果你想展開一場**好奇的對話**，可以這樣開始：「我一直很好奇你最後怎麼會成為〔不管對方的職業是什麼〕，不知道你是不是願意花二十分鐘的時間告訴我，你如何達到今天的成就。你事業生涯裡的重要轉捩點是什麼？」[8]在對話裡，你可以請教他們在事業生涯裡曾遇過什麼樣的重大挑戰，或者他們為什麼會用某種特定方法來做某些事情，又或者他們如何面對異常困難的處境，抑或他們怎麼會有這麼奇特的點子。沒有所謂固定得問的

問題。你的提問必須視對象和情況而定。不過在好奇心的驅使下，再加上學習興趣，通常都會因此而展開進一步對話。開放式的問題會讓人們打開話匣子，封閉式問題則會關閉對話，而且窄化對話內容。

提出問題可以促使人們展開一場動腦之旅。知道要問什麼？還有怎麼問？對領導者和學習者而言都是很重要的技巧。問題問得越好，這場旅程就越有價值。準備提問，會迫使你去思考你想學到什麼。比如說，你想讓自己更懂得如何爭取人們支持共同願景嗎？你想更懂得如何提升別人的實力嗎？你想更了解未來十年哪些趨勢會影響你的工作方向嗎？這趟旅程你想要怎麼走下去？哪些問題的答案是你想知道的？哪些人選是你最想問的？花點時間思考一下這些問題，對你的發展來說非常重要。

當你對例行事務以外的事情感到好奇開始提問時，你所得到的答案通常會成為改革的催化劑，從此打開全新的可能。這就是我們在第五章所談到的成長心態。擁有成長心態的人相信自己能夠不斷學習和發展，也相信能力是可以提升的。所以他們會去尋求學習的機會。而在這過程中，他們會蒐集各種資訊，以便了解自己的學習狀況以及怎麼做才能達到更好的學習效果。

這也正是現職於印亞基金顧問公司（Indasia Fund Advisors）的瓦倫‧蒙德拉（Varun Mundra）在回想早年擔任金融分析師時的領悟：「當我在質疑現狀時──當我有了新的點子時，當我堅持我的改革提議時，當我得到意見回饋、了解自己的錯誤所在，從中學習教訓，敞開心胸做出改進時──就贏得了周遭人士對我的尊重。

重點不在於改革是否如預期那般有效，而在於有人挺身而出，挑戰大家習慣已久的成規，這就足以開啟某種新的局面。」

這種對質疑、意見回饋和不吝改進的心態所持有的正面態度，促使瓦倫主動發起變革，甚至因此贏得更多信賴與尊重。保持好奇和提出問題——哪怕是挑戰性的問題——都能帶來正面的成果。

嘗試、失敗、學習、再嘗試

主動出擊、好奇或提出很多問題時，你一定會有一長串的事情想要嘗試，而且很有可能不太懂這些事情，或者不知道該怎麼進行。太好了！領導統御本來就不是小心為上的工作，學習也絕不是只做你已經會做的事。當然你可以只專注在自己的強項上，甚至可能樂在其中。但是光做這些事，你會成長嗎？你有機會成就非常之事嗎？

領導力在實踐時一定會比規畫時來得混亂。學習也一樣。你會跌跌撞撞，你會犯錯，你會挫折，你會有失敗的經驗。但只要保持學習心態，你就可以跟科學家一樣把生活變成實驗室，利用它來盡情展開各種實驗。

嘗試新事物，失敗，學習。嘗試新事物，失敗，學習。嘗試新事物，失敗，學習。這句話應該成為你的領導力圭臬之一。你會明白和發現到你應該不時嘗試不同的新事物，追求別的方法，或者改變路徑。

查爾斯‧凱特林（Charles Kettering）是德科汽車零件公司

（Delco）的創辦人，也是超過一百八十五項專利的所有人，他曾經說：「重點不在於你有沒有不斷嘗試，重點在於你試了之後失敗，是不是就不再嘗試了。」棒球全壘打王保持人漢克·阿倫（Hank Aaron）則說：「我的座右銘是，永遠不停揮棒。不管是低潮、心情不好，還是在球場外遇到了問題，我唯一做的事情就是不停揮棒。」誠如《哈利波特》系列小說的作者 J. K. 蘿琳所言：「生活中不可能沒有失敗，除非你把日子過得小心翼翼到像沒活過一樣，但在這種情況下，你已經默認了失敗。」[9] 你必須聽從他們的勸告。如果你從失敗中汲取教訓，歷史將不會無情地批判你的失敗。但如果你不去嘗試，停止揮棒或者活得太小心翼翼，它恐怕不會對你手下留情。那些曾經留下最多經驗傳承的人，都是曾經犯錯、失敗，但又再嘗試的人，然後就在最後一次的嘗試裡，改變了一切。

　　你可以從那些模範教練是如何協助年輕球員成功的例子裡，學到什麼叫做嘗試、失敗、再嘗試的真諦。我們看一下女性領導力學會（Institute for Women's Leadership）創辦人兼執行長雷永娜·夏普奈克（Rayona Sharpnack）如何訓練八歲女兒學軟式棒球的例子。雷永娜對軟式棒球知之甚詳，她曾是國際女性專業軟式棒球聯盟一九八〇年代最賺錢的加盟隊伍裡的第一位球員兼領隊。在這之前，她曾在少年奧林匹克運動會（Junior Olympic）上創下一百八十九英呎遠的軟式棒球投球紀錄。訓練最初幾天，她帶女兒的球隊練球時，曾要求每個人都試著做點打擊動作。她描述當時的情況：

　　我拿起一顆很軟的球，朝第一個女孩丟過去。她大概站在十尺

遠的地方。我丟得很輕，結果她竟然抱住頭放聲尖叫。於是我說：
「嘿，蘇西，沒關係，妳排到後面去。很好，貝西，妳上來。」可是
第二個女孩也一樣——抱著頭尖叫。我這才知道如果不做點改變，
這場練習恐怕會很漫長。

我走出場外，到車上去拿公事箱裡的白板簽字筆。然後我拿起
練習球的袋子，在每顆球上畫四個笑臉——紅色、黑色、藍色和綠
色。所以當你看到球的時候，怎麼看都會看到一個笑臉。我走回場
上，叫孩子們集合。「好了，我們這次要玩一個不太一樣的遊戲。」
我說道。「這次，妳們的工作是把笑臉的顏色說出來。只要這樣做就
行了。」

於是小蘇西站了上來，我朝她丟一顆球，她看著它一路飛過來，
「紅色！」接著第二個女孩貝西上場，看著球飛過來，「綠色。」她
們興奮地像小鳥一樣吱吱喳喳，因為她們都看得到笑臉的顏色。於是
我說：「好了，現在我要妳們做同樣的事情，只是這次球飛過去的時
候，我要妳們把球棒架在肩上。」結果也一樣成功，她們很興奮。到
了第三次，我要求她們拿球棒去碰笑臉。結果第一場比賽，她們就以
二十七比一擊敗了對手。」[10]

雷永娜處理了一件一開始令人害怕的事，並逐步為球隊克服了
對於女孩們缺乏球技的恐懼。她循序漸近地指導女孩們如何專注在
眼前的任務上，再教她們如何執行。這個例子告訴我們：學習者必
須先以不怕事的態度專注在眼前的任務上。比方說，也許你很怕訪
談。可能是因為你一想到有問題會丟過來，就覺得有點可怕。但你

可以用簡單的技巧，就是重述那個問題來反問提問人：這問題的意思是這樣對不對？這過程可以緩衝球的來速。換言之，多給你腦袋幾秒鐘的時間好好想想這個問題。

不管你的個人發展需求是什麼，都要找方法一步步前進。你不必第一次就擊出全壘打，每次揮棒的時候都學到一點點東西就夠了。一位專業的棒球選手每次上場打擊時，都相信自己一定能擊中球，哪怕他知道他的平均打擊率告訴他這是不可能的事。但無論結果如何，他都會把這個經驗收藏起來，下次遇到同樣的投手時，就能做好充分的準備，上場打擊。

主動出擊地學習和成長，是領導者的特性，而堅持不懈就是成長與發展這個公式裡的另一個元素。我們會在下一章探討這個議題。

✍ 重點訊息和行動

　　本章的重點訊息是：要挑戰自己，求取成長和學習，便得主動出擊，嘗試新事物。你必須保持好奇；你必須提出很多問題；你必須實驗新的點子和新的做事方法。當你主動出擊、好奇提問和大膽實驗時，一定會無可避免地犯錯和失敗，重點在於從經驗中學習，願意一再重複整個過程。嘗試、失敗、學習、再次嘗試，正是本章的圭臬。

 ## 自我訓練行動

在領導日誌的上方寫下這段話：「當我想到要成為模範領導者得具備什麼條件時，我就會很好奇……」

接下來，把你所能想到可以呼應這句話的點子全寫下來。[11]別擔心你的點子不好，可以簡單如這句話：「在不確定的情況下，要如何展開領導？」或者「人們如何獲得跟同儕合力破壞現狀、展開變革的勇氣？」又或者「要用什麼方法才能不再去想曾經錯失目標或錯過最後期限這類不好的經驗？」把你在三分鐘內能想到的點子全寫下來。

時間一到，便回頭重新檢視你的清單，你的目的是要盡你所能地學習，成為最優秀的領導者，所以就依據這些點子對這個目的的重要性分成三類：非常重要、重要和有點重要。現在專注在你認定非常重要的項目上，挑出其中一個，全心追求答案。想想看有哪些人可能對這問題頗有心得。然後在下禮拜至少聯絡其中一個人，騰出時間來一場好奇心對話。接著再聯絡另一個人繼續對話，又或者如果你對這問題的答案已經滿意，就從你的清單上挑出另一個問題，重複同樣的過程。持續追蹤在你領導日誌上所學到的功課。

第十二章
拿出恆毅力，保持韌性

　　想在學習和領導力有所成就，想要有成功的人生，其公式都有兩個基本要素：知道自己要什麼，而且強烈地想得到它。除此之外，還有另一個重要元素，那就是鍥而不捨的毅力。這些元素加總在一起，造就出賓州大學心理學教授安琪拉・達克沃斯（Angela Duckworth）所稱的「恆毅力」（grit）。

　　安琪拉說：「恆毅力是對極長程目標的熱情與韌性。恆毅力是耐力，恆毅力是日復一日地堅持追求你的未來目標，不是只有這個禮拜或這個月，而是長達好幾年都很賣力地想讓未來的夢想成真。恆毅力會把日子過得像在跑馬拉松一樣，而不是短跑。」[1]

　　恆毅力是堅忍不拔的精神，是不可動搖的決心，這股決心是面對挑戰必不可少的要素。它「需要的是，即便面臨失敗、困境和進展的停滯，也會努力克服挑戰，保持鬥志，繼續奮鬥下去。」[2]比方說，常見到一心想成為作家或者對音樂懷有夢想的人，靈感一來，便能寫出一個章節，或者譜上一段詞曲，可是一遇到關卡或阻礙就放棄。最後只有咬緊牙關挺過去的人，才能成就出動人的作品。

　　安琪拉和她的同僚曾在各種環境下研究恆毅力的影響作用，結

果證據確鑿地發現，恆毅力最高的人成果最優。[3]舉例來說，研究人員發現到，那些恆毅力分數高的人會比恆毅力分數低的人更能堅守各種承諾。恆毅力較高的軍人參加菁英級的陸軍特種作戰部隊（Army Special Operations Forces）訓練，較有可能完成整套操練。恆毅力較高的業務人員留在原職的時間比較長。恆毅力較高的高中生較有可能畢業。恆毅力較高的男士較有可能維持婚姻關係。在充滿挑戰的公立學校環境下，「為美國而教」組織（Teach for America）裡的新手老師若有很高的恆毅力，會比恆毅力較低的老師更能看到學生在課業上的進步。另外，恆毅力得分較高的拼字比賽參賽者向來是優勝者。換言之，恆毅力並非專屬於某特定工作領域，而是適用於任何地方。

任何人都知道新事物不可能一兩天或十天內就學會。需要長期作戰全力以赴，需要專注，需要清楚和可以衡量的目標，需要意見回饋與長時間的練習。這些都要求鍥而不捨的毅力，絕不中途放棄，願意面對失敗和解決難題。換言之，就是恆毅力。

有個貼切的例子，就是紐約尼克隊的前鋒兼中鋒克里斯塔普斯‧波爾津吉斯（Kristaps Porzingis）。這位身高七呎三寸的籃球選手在十九歲時被尼克隊簽下，當時球迷們噓聲大作。可是波爾津吉斯展現了他的恆毅力。尼克隊的控球後衛荷西‧卡德隆（Jose Calderon）這樣形容他的隊友：「他一心想成為最好的，所以很努力。如果球賽沒打好，他就回去認真練球，如果球賽打得很好，他一樣回去認真練球。他會問，也會聽。不管你要他做什麼，他都會做到。他總是認真傾聽每個人的聲音，像海棉一樣吸收所有資

訊。」[4]荷西精準描述了行動中的恆毅力。

　　但安琪拉很清楚，這是一種全心的奉獻與承諾，所以你所學習的東西對你來說必須很重要才行。誠如她所言：「擁有恆毅力的人會埋首追求他們真正重視的事物。這有點像是熱戀：除非是你愛上的人事物，否則你不會這麼拚命。同樣的，擁有恆毅力的員工會因為發現工作深具意義而受到鼓勵，願意埋頭苦幹。」[5]因此，當環境變得艱困時，你要回頭反問自己這個問題：「這是我要的嗎？我有多想要它？」

　　我們在第十一章提到的唐‧班奈特，並不是第一次嘗試就攀上雷尼爾山的頂峰。他曾在離頂峰幾百呎的地方遭遇可怕的暴風雪，導致他和隊員們必須放棄攻頂。然後唐又準備了整整一年，才在第二次嘗試的時候攻頂成功。他沒有讓第一次挫敗阻止他。唐想向自己和其他截肢者證明，他們可以靠決心克服身體的殘障。他對達成目標的渴望，迫切到願意一再嘗試。

　　恆毅力的研究也證明要讓自己做到最出色的地步，不是單靠天分就能辦到。事實上，安琪拉說：「我們的資料很清楚地顯示，許多具有天分的個人未能堅守自己當初的承諾。其實在我們的數據裡，恆毅力往往跟天分程度沒有關係，或甚至成反比關係。」[6]換言之，就算你對某件事很有天分，也不代表你會很出色。要做到出色的地步，得靠恆毅力。

保持韌性

　　好了，現在你很清楚你想要什麼。你有你的目標，你知道你的熱情所在，就算日子變得艱難，你也能堅持下去。你擁有恆毅力。太好了。

　　但事情總有意外，不會都按照計畫來，尤其如果你是第一次嘗試的話。有時候難免會出現不受歡迎的障礙，狠狠打擊你的恆毅力。有時候會有外力害你脫軌遠離當初選擇的路線。事實上，在我們針對個人最佳領導經驗所做的調查中，只有半數領導者是主動挑出他們所要面對的挑戰，並侃侃而談。另外半數則是挑戰找上他們。他們說很多情況都是無預警地發生，譬如機械事故、供應鏈出岔、意外、天然災害或者直屬上司突然指派別的專案計畫。這當中還包括個人的不幸，譬如大病一場、受傷及親密戰友撒手人寰。

　　好消息是縱然逆境當前，就算眼前處境非他們所能選擇，他們還是傾其全力做到最好。你也可以。恆毅力是其中的基本元素。要堅守住自己的理念，就得有強烈的道德觀和意願，但你還需要一些額外的東西來熬過那些無預警的艱困時刻。[7]你需要的是韌性（hardiness）。

　　好奇人們如何在高壓下生活仍能樂觀以對的心理學家，透過研究發現這種人會用一種獨特的態度來面對壓力，他們稱之為「心理韌性」（psychological hardiness）。[8]韌性是一種態度和技巧模式，可以讓人們在高壓狀況下做出調適性的回應。過去四十年來，研

究人員發現到在不同族群裡，比如說企業經理、創業家、學生、護士、律師和作戰士兵等，韌性高的人會比韌性低的人更能承受得住嚴峻的挑戰。[9]

韌性得靠三種基本信念：**全力以赴、掌控和挑戰**。要想將逆境轉化為契機，首先你得全力以赴眼前的事。你必須參與、投入、保持好奇。你不能被動坐等事情上門，必須掌控自己的人生。你必須竭盡所能地對眼前事物做出影響。雖然努力不見得都有成效，但你絕不能陷入一種無能為力或者被動消極的態度。最後如果你想保有心理韌性，就得視挑戰為一種可以向負面和正面經驗取經的機會點。你不能為了保險起見，什麼事都不敢做。勇於涉足生活中未知的領域才能有個人發展和成就。只要具有韌性，你可以把壓力源轉化成有利於成長與新生的正面機會點。

向前反彈

恆毅力和韌性加在一起，可以造就出適應力，[10]能讓你從困境中很快地振作起來。人們通常把適應力（resilience）形容成人生朝你砸過來某種東西，你被打倒之後又反彈回去的力量。但從學習的角度來看，它更像是向前反彈的力道。你沒有回到挫折發生前的狀態，反而往前邁進，好過於你之前的狀態。

專業運動員經常在思索類似處境下的經驗值，下次上場時必須有不一樣的作為，才能重新調整下一次的經驗值——不管這經驗是短跑賽、再次上場打擊，還是罰球。事實上，學習有沒有效果，

只要看有沒有一再犯同樣的錯就知道了。我們的研究證實，越常問「當事情不如預期時，我們可以從中學到什麼經驗」的人，便越是願意尋求各種機會考驗自己的技術與能力，也越勇於實驗、冒險，哪怕可能會失敗。

好消息是，適應力是可以培養和強化的。[11]賓州大學心理學教授兼正面心理中心（Positive Psychology Center）主任馬丁·塞利格曼（Martin Seligman），曾經針對一些艱困環境下的人口進行廣泛研究，譬如軍隊裡的現役士兵。[12]馬丁說，在他的研究裡，「我們發現到，不輕易放棄的人，習慣把眼前的挫折詮釋為暫時性的、局部性的、可以改變的。」[13]適應力強的人，哪怕是處在很大的壓力和逆境下，還是會全力以赴地邁步向前，因為他們相信已經發生的事不會永遠都在，一定可以做點什麼來改變結果。

當你經歷阻礙、挫折、失望、意外和其他挑戰時，你很可能會認為這一切都是針對你個人。你可能會反問自己：「我幹嘛這麼辛苦？」或「別人都成功了，我到底錯在哪裡？」但誠如研究人員所發現，最有適應力的人不會把這類重擔扛在自己肩上，反而會用比較寬容的視界來看待這些挑戰：千萬記住，不是只有你曾經遭遇這些問題。你要了解別人也曾處理過類似問題。別忘了任何努力成果都是賣力打拚和克服困難下的結果。你必須密切追蹤什麼事情是管用的，還有你學到了哪些教訓。保持客觀，感恩眼前你所成就的。別光只想著還有多少事情沒有完成。[14]

當然你必須認清現實，但是別老想著眼前的威脅。你在大膽實驗新的作為時所經歷的挫敗，其實是有利於學習的一個機會點。它

只是在反饋，讓你知道目前做的事情不如當初預料的奏效，就只是這樣而已，絕非你性格上的缺陷，只是有些事你得再加油。你能做的就是全心投入，不要心不在焉。想全力成為最優秀的領導者，就不能只投注百分之五十的心力，而是要百分之百地投入。如果你想要靠學習變得出類拔萃，就不能有所保留。時時提醒自己，你的投入和努力都是因為現在做的事情很重要、很有意義，你瞄準的目標值得這番努力。

強調正面

顯然你無法控制大環境的遭遇，但你還是可以掌控自己的人生。在面對新的挑戰時，或者應對衝突或危機時，查明哪些因素你可以左右，哪些不行。想出一些可以正面影響結果的方法。比如說，主動踏出幾步朝正確的方向邁進，創造前進的動力。最重要的是，你必須用一個**學習框架**來框住你的領導經驗。

雖然人性往往傾向負面想法，但你可以慶幸自己學到教訓，心想自己進步了多少。負面想法很容易瀰漫開來，互相傳染，會扼殺表現。你要確認有哪些外在影響力會干擾眼前的狀況（其中有很多是你無法控制的），然後從「你學到的教訓」這個角度來框架最後成果。你要明白不管你犯什麼錯，它們都不太可能再發生，不然的話，就表示你沒有從經驗中學到教訓。認真思考你如何從這個經驗裡得到個人和領導力方面的成長，哪怕這個經驗意謂的是向前反彈。試著去了解這個經驗所教會你的事情，以及它如何幫助你做好

準備，迎接下一個挑戰或機會。

處境艱困時絕對要樂觀。保持樂觀不代表把頭埋進沙堆裡，不理會眼前的一切，而是以更有生產力的態度去處理不快的經驗。方法通常是從自言自語開始——這時一定會有無數不曾說出口的想法在你腦袋裡流竄，譬如「我永遠當不成領導者」或「我當初不應該發言的」，又或者「我根本不應該第一個自願站出來」，諸如此類。這類負面想法會害你縮減選項，心情下墜，變得更悲觀，更想不開。

反過來說，北卡羅萊大學心理學教授芭芭拉‧佛列律克森（Barara Fredrickson）指稱，人們體驗到正面情緒時，思想會變得開放，世界觀會跟著擴大，更願意接受各種新的可能。他們會看到更多選項，變得較為創新和有創意，在做決策時也會更小心謹慎和更精準，人際關係上也更顯出成效。[15]研究也證實，樂觀正面的人在身心健康上高人一等。他們的壽命較長，懂得如何面對困境和壓力，憂鬱症和心血管疾病的罹患率也較低。[16]你若要將挫折轉化為契機，便得埋頭參與，全心投入，保持好奇，而且要有正面的人生觀。

✍ 重點訊息和行動

　　本章的重點訊息是：養成恆毅力，保持韌性。你必須有長程目標，熱情追求。在面臨困境時仍堅持到底，繼續努力，有始有終。過程中免不了跌跌撞撞、犯錯和失望。每個人都一樣。別讓失敗阻攔你。這些都是你重申承諾、掌握改革的大好契機，也是你把障礙視為學習機會的大好契機。從挫敗中向前反彈，再次確定自己的目標，大聲宣告你想要什麼。保持你的專注力和樂觀態度，增強你的適應力，將逆境變成學習的轉機。只有撐得下去，視環境變化隨時調適自己的人才會成功。

自我訓練行動

你怎麼確定你正在從經驗裡學習教訓、正在培養必要恆毅力來成就大事？騰出一點時間回想你以前在為某個目標奮鬥時曾有過的失望、挫折甚或失敗的經驗。可能是在學期間、職場或社區裡。可能是幾年前的事，也可能是最近的事。針對這個經驗在領導日誌上寫下你對以下兩個問題的反思內容：

1. 你如何重新界定這個經驗，以便讓自己重新復原，繼續前進？
2. 是什麼在幫助你從這個經驗裡向前反彈？

從這個經驗中汲取教訓，並在下次遇到挫折的時候運用。想要擁有很強的適應力，重要的方法之一，就是從你的生活經驗裡學習，把不同經驗串連起來，就會更清楚什麼對你來說最重要，同時也增強了自己的恆毅力。

第十三章
勇氣給你成長的力量

　　勇氣就像是那些以粗體字出現的豪語，給人的印象猶如是人類經驗邊緣裡某種了不得的東西，會讓人聯想到超人的英勇事蹟、生死之間的拔河，還有重重困難的克服。它神祕到令你覺得這概念或許不適合你。可是如果把目光放遠，別去理會那些頭號人物和小道消息，你會發現勇氣的林林總總說法其實並不構成全貌，甚至顯得以偏概全。

　　勇氣可能比你想像得還要更普及化。它是每個人都具備的東西，每天也都在自我彰顯。勇氣也許珍貴，但絕不稀有。你可能不常用它，可是當你需要的時候，它一直都在。而且如果你想盡全力成為最優秀的領導者，就會需要用到它。雖然大家都在談論領導者多需要膽識，卻鮮少有人為領導者著墨勇氣的真正意義。[1]

　　能面對逆境、不受制於恐懼，就是勇氣。它像恆毅力一樣也必須在極度挑戰性的環境下堅持下去，只是這裡頭還加上了恐懼這個元素。需要靠恆毅力的東西不見得都需要勇氣，但需要勇氣的東西，都需要用到恆毅力。與其說是勇氣要你**毫無所懼**，倒不如說是要你能控制住自己的恐懼。控制你的恐懼正是外交家、激進分子，也是任期最長的美國第一夫人埃莉諾・羅斯福（Eleanor Roosevelt）

話中的意思，她曾經說：「每當你停下腳步，面對眼前的恐懼，你就可以從每次的經驗裡獲取力量、勇氣和自信。你能夠對自己說：『我已經熬過了這件可怕的事，我可以承受接下來的事了』──你必須去做你認為自己做不到的事。」[2]

勇氣是個人的事

媒體總是把勇氣描寫成大膽英勇的事蹟和鋼鐵般的意志。[3]這種了不得的勇氣只屬於傳說和神話的一部分，有利於製作娛樂性高和精采的票房電影。但在日常生活裡卻不夠真實。日常生活裡的勇氣沒有那麼了不得──它是你在組織、社區和家裡經常見到的東西，也是你在個人最佳領導經驗裡可以見證到的東西。

勇氣大多出現在生活層面裡，不是刻板印象裡的英雄事蹟，也不是什麼生死拔河之間的大事。我們訪問過的軍官和準軍官都沒有告訴我們火線上的冒險，我們訪問過的商業人士也不曾談到創業的風險。他們的勇氣故事都很平凡，不過幾乎都是為了某件事而做出選擇。[4]其中有很多真實案例，比方說是在某重要議題上支持一個普遍不受歡迎的觀點；無視過往經驗不足，仍然勇於主動出擊；縱然怯場到全身發抖，還是站上台前當眾發言；辭掉一份高薪工作，重回校園念書；或者改變方向，踏上全新和未知的個人、專業或靈性之旅。這類選擇並不保證會有什麼成果，事實上，很可能不太理想，但都有個共通點，那就是他們都是為了追求某種崇高的目標或抱負才鼓起勇氣。

　　當你提醒自己為什麼要做一些有挑戰性的事情時——當你在艱苦的工作裡找到意義和能量進行改變時——你的腦袋就會把現況視為一種動力而非壓力來源。專門研究和傳授正面心理學的好思公司（Good Think Inc.）執行長紹恩・阿克爾（Shawn Achor）就很支持這個觀點，並指稱當人們把意義從所從事的活動裡分離時，大腦就會反抗。[5]

　　希樂・麥肯道格爾（Heather McDougall）在推出領導力交流（Leadership exCHANGE）時，也有一樣的經驗：領導力交流是全球性的領導力課程，上課和受訓過的學員成千上萬，遍及八十幾個國家。「我一開始完全不知道推動這個課程這麼難。我只知道我對這個課程很有信心，我相信它的成效。」她說道：「我只是單純知道我不能放棄，所以就全力找方法跨越每一個路障，我很高興我辦到了。」希樂的描述也跟作家兼知名顧問彼得・布拉克（Peter Block）跟我們說的頗為一致：「真相是勇氣無時無刻不在。你一天有五十次得決定要不要去做一件困難或者無聊或者什麼樣的事？要不要試著避開它，找個簡單的方法？」Nike公司旗下Nike基金會創會主席兼執行長瑪麗亞・艾特爾（Maria Eitel）也同意這說法。她說，勇氣不是一瞬間的事情，而是「一連串的瞬間，你必須從勇氣槽裡不斷抽出勇氣，而勇氣槽的外面被恐懼池團團包圍。所以你必須每天無時無刻都要轉動水龍頭，讓勇氣流出來，不要讓恐懼壓倒你。」[6]

　　當你必須做出對你來說很棘手的選擇時，勇氣就開始作用了。只不過這些選擇往往不是什麼大動作。你要說「是」還是說「不

是」？你要留下來還是離開？你要開口說話還是保持沉默？這些選擇表面上給人家的感覺並不特別可怕，但若去研究前後脈絡，就會發現其實很難選擇。最後要說的是，什麼才叫有勇氣？這是很個人的決定。不是由你來幫別人決定某件事算不算有勇氣。

《富比世》（*Forbes*）專欄作家瑪吉‧沃瑞爾（Margie Warrell）也是全球勇氣（Global Courage）的創辦人，她在著作《別老求四平八穩》（*Stop Playing Safe*）裡描述人們的腦袋往往會高估風險，誇大後果，低估自己的處理能力。[7]恐懼會要求你穩紮穩打一點，別莽撞改變，不懂的事別去碰。可是只做你已經在做的事，並無法驅動你、你的團隊或你的組織前進。你想要求好求變，就得有勇氣去面對現在的思考模式，嘗試新的事物。電子商務平台Quidsi的銷售規畫經理萊恩‧迪耶梅（Ryan Diemer）肯定瑪吉的說法。「冒險這種事從來都不是簡單的事，有時候甚至很嚇人。」他告訴我們。但是他也說：「冒險是必要的，因為它需要你跟共事的人一起去挑戰眼前的工作內容和工作方法。有時候這些冒險會得到報酬，有時候則不然。但有一點是真的，如果你不冒險，就不會有收穫。」

萊恩的意見也印證了瑪吉對恐懼的處理方式。根據她的說法，**行動**「是恐懼最有力的解藥：它可以孕育自信，滋養勇氣，是別的方法所辦不到的。」[8]又或者就像神學研究家瑪麗‧戴利（Mary Daly）所說，「勇氣是習慣，是美德。你是因為行為勇敢而有了勇氣。這就像是靠游泳學會游泳一樣。你要靠鼓起勇氣才能學會勇敢。」[9]至少這麼做的好處是你可以學習——學習了解自己，也學習其他新的可能。畢竟，要是你不做點有別於現在的事，你就別想

指望自己能提升領導力或其他能力。

學習需要靠勇氣

可是勇氣跟學習成為模範領導者，有什麼關係呢？

製藥生物科技公司CTI BioPharma行銷部資深產品經理凱瑟琳・溫克爾（Katherine Winkel）和同儕們討論各自的個人最佳領導經驗後有了一番領悟，於是幫忙回答這個問題：

> 當時最令我印象深刻而且到現在都還記憶猶新的一個共同點就是，在每一則故事裡，他們都是為了得到最佳成就，而必須去克服不安與恐懼。不管怎樣，這些故事的主題都是你必須正視自己的不安，克服眼前障礙。一般來說，你以為人們會把不安和恐懼形容成一種有礙領導力的負面因素或消極因素，但在這裡，它似乎成了成功的必備條件！它教會我不安是必要的，因為不安的存在，我們才會全力以赴。

誠如凱瑟琳所注意到的，所有個人最佳領導經驗故事裡都含括了不安這個元素，而不安會引起恐懼。她特別提到，通常不安和恐懼會降低人們的動機和活力程度。這兩種情緒都會造成人被嚇呆的狀態，於是有的人落荒而逃，有的人起而奮戰。事實上，在我們的研究調查裡，有些人一開始會以為自己處理不了眼前的挑戰。但是在個人最佳領導經驗個案裡，他們總是能從心裡召喚出某種東西，

於是能夠面對恐懼，竭盡全力。那個東西就是勇氣。有趣的是，人們在細數自己的個人最佳領導經驗時，都會提到瞬間的勇氣，哪怕當時他們都是不自覺地說出這個字眼。

正面的學習經驗跟個人最佳領導經驗有共通元素，而且也都跟瞬間的勇氣享有相同的元素。其中的兩個共通元素是恐懼和不安。比如說，你自願加入國外的延展型任務，可是你不會說當地的語言，宗教信仰也與你的迥異，文化規範更是一無所知。雖然這經驗可能令你興奮——新的視野、有趣的人、工作上的成長機會——但難免會有恐懼、不安與疑慮。

又或者你報名參加領導力開發課程，其中有部分課程必須做三百六十度的意見回饋。你的經理、同儕、直屬屬下甚至顧客，都會針對你的領導力實務作業提供意見回饋。[10]雖然你知道質量回饋（quality feedback）有助於你的進步，但還是覺得這件事挺可怕的。你不知道他們會說什麼，你擔心有些話可能很負面，你甚至好奇這對你的事業生涯和人脈關係會造成什麼影響。

所以你需要靠勇氣敞開心胸學習和接受新的資訊。你需要靠勇氣把自己的弱點曝露在與你共事的人面前。你需要靠勇氣顯示自己的脆弱，尤其是在公開場合裡。你需要靠勇氣承認自己不懂，你需要協助。你需要靠勇氣接下艱難的任務，儘管知道最後的結果可能令你對自己和別人失望。你需要靠勇氣做所有這些事情，而這些事情都屬於學習的一部分。

除此之外，個人最佳領導經驗和正面學習經驗也有另一個共通點，那就是對正在學習中的領導者而言，它們都牽涉到某種有意義

的東西 —— 某種你非常在乎的東西。因為如果不是你這麼在乎，你就不會甘冒風險挺身而出地去領導或學習。在某研究調查裡，受訪者提到他們的一次英勇經驗，然後當他們被問到「你想藉著這個作為完成什麼事情」時，百分之九十九的人都能說清楚自己的目標。事實上，在0到10的量表裡，當被問到「當時這個目標對你來說有多重要？」時，量表上的分數普遍都是10分。[11]所以在面對不安和恐懼時，你會需要勇氣。因為除非你非常在乎這個很有利害關係的東西，否則你不可能採取行動。啊！這不就又回到價值觀和願景，以及當我們問到「你想要什麼？你有多迫切地想得到它？」這個問題時，所看的那些像磚牆一樣的障礙了嗎？

所有這些元素都會一起作用。當你遇到不安或困境時，就會引發恐懼。這個時候，你會很快地自我檢視，反問自己：「我真的很在乎這件事嗎？它對我來說很重要嗎？」如果你的答案是「沒錯，原因是……」你才可能主動克服恐懼，展開行動。這個決定過程可能是在瞬間完成，甚至在你還沒意識到之前就做出決定，但一定是你心裡的某樣東西促使你展開行動。

勇氣給了你力量展開行動，勇氣也給了你力量在最黑暗的時刻繼續撐下去。因為勇氣，你才敢舉手提出異議，挺身而出受人倚重，大步朝新方向出發。因為勇氣，你才能竭盡全力地展開學習。

✍ 重點訊息和行動

　　本章的重點訊息是：你需要靠勇氣去學習。當你為了自我的成長和發展而挑戰自己時，你可能得去做一些令你畏懼的事。當你接下延展型任務去從事你從沒做過的工作時，當你為了學習不懂的事情而報名參加某課程或活動時，或者當你把自己放進一個陌生環境裡時，你就是在冒險。這當中會有恐懼與不安，而這兩個元素恰巧就是形成勇氣的必要條件。於是你必須做出選擇，決定前進的方法，找到意義和目標，朝新的方向啟程。

自我訓練行動

　　經驗反省和記錄經驗對於正在承受壓力的人來，是很有效的支持工具。因為經驗反省有助於你看清過去的經驗，從中汲取教訓，再運用於現有的處境裡。你會因此明白你的勇氣有多大。

　　在領導日誌裡，寫下你這一生中曾有過的勇氣經驗，無論你對這經驗的意義何在有多少程度的了解都沒關係。它可能是最近的事，也可能是很久以前的事。可能是工作上的事，也可能是學校裡、社區裡或任何場景下發生的事。當我們跟人們談到他們的勇氣經驗時，我們發現到有些人會對以前本來可以英勇表現的事耿耿於懷。如果你也有這樣的初步反應，很正常。

　　一開始，你可以先完成以下句子，多寫幾次，直到你找到一件你決定深刻反省的事情：「我需要靠勇氣才能　　　　　　　　　　　　　。」再寫出你對以下問題的答案：「在我鼓起勇氣的那一瞬間，它教會了我什麼？」

　　你是個有勇氣的人，所以請繼續強化你的勇氣肌，才能在朝最佳領導者之路邁進的同時做好準備，隨時迎接突如其來的恐懼與不安。

基礎原則四：爭取支持

　　你不可能單靠自己獨力學習成為最佳領導者。不管努力的目標是什麼，真正的頂尖高手（包括領導者在內）都會對外尋求他人的支持、建言和忠告。這與他們最後的成功有很大關係。

　　在學習成為模範領導者的這條路上，你必須握有人脈。你的人脈關係必須充沛和緊密。你需要一些私人關係，不只是交易上的關係。人脈可以打開大門，給你機會近距離觀察模範領導力和它的運作方式。而這些人際關係通常必須由你主動去建立和維繫。

　　此外，你也必須靠周遭的人才能得知你的行動和作為對他們造成什麼影響。他們的意見回饋是你可以得知自己表現如何的唯一方法。唯有建立在互信的基礎上，才能聽到別人對你開誠布公的指教。你必須先主動創造出互信的氛圍，才有機會獲得有助於你成長的有效資訊。

在後面三個章節，我們會檢視這幾個跟模範領導者養成有關的關鍵主題：

- 如果沒有你們，我根本辦不到。
- 建立關係。
- 少了意見回饋，你就無法成長。

第十四章

如果沒有你們，我根本辦不到

　　你這輩子可能看過一兩次頒獎秀——也許是黃金時段艾美獎（Primetime Emmys）、奧斯卡金像獎（the Academy Awards）、音樂錄影帶大獎（the MTV Video Music Awards）、年度體育卓越表現獎（the ESPY Awards）或類似的頒獎節目。它們通常很戲劇性，有明星走紅地毯，有狗仔隊拍照，有各擁其主的粉絲歡呼喝采。

　　你可以從這些活動裡學到跟領導力有關的重要課題。

　　每當優勝者上台站在麥克風前時，獲獎感言的版本一定是「我想感謝……」後面就會接上一串人名，因為他們的功成名就全是靠他們的幫忙。這個名單可能包括「我的母親、父親、配偶、經理、經紀人、教練、高中老師、演員班底、工作人員、隊上的其他球員、導演、編劇、粉絲們……」。沒有這些人，獲獎者就不可能站在這裡接受榮耀與掌聲。這也是為什麼他們常以「如果沒有你們，我根本辦不到」這句話作為結尾。比如說，保羅·博宏（Paul Bonhomme）是紅牛特技飛行大賽（Red Bull Air Race）有史以來最成功的飛行員，也是三度贏得世界冠軍賽（the World Championship）的唯一飛行員（二〇〇九年、二〇一〇年和二〇一五年），他曾說：「贏得頭銜的感覺很棒，但這全是靠團隊合作。

我只負責開飛機。如果沒有這個團隊，我根本辦不到。」[1]

　　各領域的頂尖高手都知道，他們不可能獨自成就非常之事。沒有演員班底和工作人員，沒有隊友和教練，沒有編輯和出版商，沒有同僚和顧客，沒有粉絲和家人，就沒有節目，沒有電影，沒有體育賽事，沒有突破性產品，沒有卓越的服務。這適用於體育運動和藝術，也適用於領導統御。領導力需要協心合作，學習也一樣。雖然這本書的重點是擺在個別領導者身上，但你還是沒辦法獨自辦到。你無法獨自領導，也無法獨自學習。你需要靠其他人才能盡你所能地成為優秀的領導者。

　　我們很常見到各領域裡的頂尖高手──比如菁英級運動員──向他們的教練表達感謝之意，並公開談論他們從教練身上學到什麼。不過卻鮮少見到組織裡的領導者公開談到成為領導者的一路上，曾經得到什麼樣的幫助。也許他們不好意思承認自己以前也需要幫助。也或許是因為他們覺得如果自己已經是領導者，就理當是個萬事通，所以不能讓別人看出他們也曾需要幫助，抑或是他們擔心如果承認自己需要幫助，多少給人一種無知、能力不足甚至弱勢的感覺。有可能是因為他們不希望被別人質疑能力，又或者是因為他們害怕被排斥、被視為負擔或欠別人情。也或許是因為在某些文化裡，承認自己不知道如何做某件事是不被接納的。[2]

　　不管理由為何，組織裡的領導者通常不會提到他們的學習、成長和成就，是因為曾接受過別人的指導和背後支持，更別提要他們去誇耀這一段歷史。這真的太可惜了，因為如果領導者願意承認當初若是沒有他人的忠告和支持，自己就不可能這麼出類拔萃，這會

使得他們變得較人性化，較討人喜歡。再說，也能立下一個很好的
典範來鼓舞其他領導者。他們需要有領導楷模願意承認，任何層面
的成就和的努力，都需要靠很多人的支持。更何況這還有另一個好
處：原來感恩是個人幸福的預測標竿。[3]

要求協助和支持

　　新聞媒體、小說和電影常把領導力描繪成一種強烈的個人主義
行為——一個膽大妄為的人獨自深入蠻荒，接受挑戰，創造新的
事物，改變世界。嗯……挑戰這部分倒是真的，但獨自這部分可
不是。當人們分享個人最佳領導經驗時，內容都會一再呼應英國特
許管理師公會（Chartered Institute of Management Accountants）中
國華南地區負責人艾瑞克・潘（Eric Pan）曾告訴我們的：「不管你
當領導者的能力有多強，都不可能單靠自己的力量取得成果。」同
樣的，IBM的資深開發經理阿密特・托歐梅爾（Amit Tolmare）也
說：「從來沒有領導者是靠自己獨自大步前進而成功的。你必須靠
團隊作業，與身邊的人密切合作。」要成就非常之事，往往需要別
人的參與、信任和支持。同樣的，你無法在真空環境下學會領導。
沒有他人的信任、支持和鼓勵，你永遠不可能朝遠處探險。

　　要在領導力領域或其他任何領域做到最好，就必須挑戰自己，
接下延展型任務，走出舒適圈實驗新的做事方法，不怕犯錯，從失
敗中學習教訓。這些都是你盡全力學習成為領導者過程中的一部
分。這麼說固然不錯，但如果沒有人在那裡教導和指導你如何改

進，為你喝采、加油，在你跌倒時扶你一把，在你撞牆時安慰你，你恐怕也辦不到。要學會領導，需要靠別人的幫助。社會支持是個人成長與發展的必要條件，尤其如果你的學習很具挑戰性的話。根據蓋洛普組織在全球兩千七百多萬名員工身上所做的研究顯示，「要確保未來的成功，你要做的唯一一件最重要的事」，就是找到一個對你的發展也很有興趣的人。[4]

比如說，芝加哥大學的教育學教授班傑明・布魯姆（Benjamin Bloom）和他的同事曾針對一百二十名頂尖表現者（曾在各自領域裡贏得國際競賽或得過獎的人）進行才華開發（development of talent）研究調查，對象含括鋼琴演奏家、雕塑家、研究員、奧運游泳選手和網球冠軍選手。這個研究「提供了強而有力的證據證實，不管個人的最初特性（或天分）是什麼，除非受過長期密集的鼓舞、培育、教育和訓練，否則很難在這些特殊領域裡拿出最好表現。」[5]至於社會支持，他們的結論也是，一個人不管再怎麼努力，都不可能單靠自己的力量達到頂尖水準。比方家人和教練的支持對他們來說就很重要。值得注意的是，這些都是各領域裡的頂尖高手，但每一個都需要幫助。

但這不代表如果你不是在從小就栽培你學習領導力的家庭裡長大，一輩子便注定平凡，而是說，不管你什麼時候開始學習領導力或任何新的技術都得有人幫忙，你才可能盡其所能地發揮。如果沒有人可以幫你，你就得主動去找，因為很多知識領域裡的研究都證實，社會支持可以提升學習效果、生產力、心理健康，甚至生理健康。事實上，曾指導過全球為期最長的身心健康連續研究調查的哈

佛精神醫學教授喬治・威能（George Vaillant）曾經說過：「這輩子唯一真正重要的事，就是你和別人的人際關係。」[6]

請教意見

我們來看看研究人員在分析被放進全美棒球名人堂（National Baseball Hall of Fame）的棒球選手獲選感言時發現了什麼。這些菁英級選手，已在對體能技術有頂尖要求的領域裡得到至高無上的肯定，但還是有幾乎三分之二獲選者的感言跟技術或練習方面的協助無關，而是著重於情緒支持和友誼。平生第一次獲選進入名人堂的棒球選手提到社會支持的比例更是顯著。[7]沒有人可以單靠自己的努力站上巔峰。譬如最近榮登《財富》雜誌四十歲以下四十大領導者排行榜（40 under 40 leaders）的人都說，他們靠的是一路走來建言者的幫忙，「不管是投資者、良師益友、大學教授、董事會成員，或者……沒錯……老爸老媽！」[8]

當然，你也必須在試著自己學習和不恥下問之間找到平衡點，你必須承認你卡住了，需要幫忙。一位剛畢業的大學畢業生告訴我們：「我的老闆一方面要求我盡量自己想辦法，別老是跑去找她幫忙，但另一方面也希望我在真的需要協助的時候，別折磨自己，拖了好幾個小時或好幾天後才去找她。」

尋求他人協助的意思，不是要你去找別人代勞工作，而是找人協助你學習。你要先做好準備，知道如何描述你已經試過的方法和知道的東西，然後再自行準備幾個可能的對策，才不會看起來像是

在要求對方施捨。不過當你卡住了，千萬別拖太久才求助。通常拖得越久，問題就越麻煩，能給的對策就越有限。

別以為自己清楚別人懂多少，也別低估他們的協助意願。除非你開口問，否則什麼也不能確定。研究人員發現人們在開口要求時，都會對別人肯出手幫忙的機率抱持最壞的打算。不管是在實驗場景還是實地場景裡請求協助，都會把對方同意協助的可能機率低估百分之五十。[9]比如說，你預測可能需要問二十個人才能得到你需要的幫助，但事實上，也許問不到十個就有人願意幫你。大部分的人都樂於協助，他們會覺得自己的經驗和能力受到你的肯定，是件很有面子的事。

最後，別擔心別人會因為你向他們請益而看輕你。事實上，剛好相反。研究人員指稱，「這跟傳統觀點和庶民信仰完全相反。我們發現向別人請教意見反而會**提高**對方對你能力的認知。」[10]任務要是很困難，你可以親自找人幫忙，向擅長該領域的人請教意見，你的請教會使你更清楚知道自己在做什麼。遇到需要別人幫忙的棘手挑戰時，若能向別人請益，不只能增強你的能力，也可以讓別人對你的領導力更具信心。

同理心是必要的

同理心有助於爭取他人的協助和支持。事實上，在所有能力當中，同理心是最人性化的一種能力，在重要人脈和人際關係的建立上扮演著非常重要的角色。了解和體會別人的感受，才能有效詮釋

別人的觀點。南加州大學安南堡新聞傳播學院（Annenberg School for Communication and Journalism）院長厄尼斯‧威爾森三世教授（Professor Ernest J. Wilson III）就明確斷言，領導者想在今天這種無常多變、錯綜複雜和歧義無處不在（VUGA：volatile, uncertain, complex, and ambiguous）的世界裡有所成就，最必備的條件就是同理心。[11]

最近的研究調查都十分強調同理心的重要性。哈佛教授大衛‧戴明（David Deming）發現到，自從一九八○年以來，勞動市場裡要求社交技能的工作已超過要求例行性技能的工作，甚至也超過例行性分析的工作。還有一點很重要，要求社交技能的工作，其薪資高於不要求社交技能的工作。雖然同時要求高認知技能和高社交技能的工作，屬於薪資最高的工作，但要求高認知技能、低社交技能的工作，其薪水卻低於那些要求高社交技能的工作。傑夫‧科爾文（Geoff Colvin）在他的著作《被低估的人類》（*Humans Are Underrated*）裡強調了這個發現，他說：「最有價值的人越來越多都是講究人際關係的人。」[12]

同理心比「你怎麼對待自己，就怎麼對待別人」這條金科玉律還要嚴格。為什麼？因為其他人的品味與喜好通常跟你的不一樣，尤其如果你是在多元文化環境裡工作。有同理心的人對別人總是很感興趣，抱持開放的態度，熱中學習別人的經驗和觀點，不管別人的經驗與看法與他們的有多迥異。

要得到更多的支持與協助，就得表現出你的同理心，去接觸跟你不太一樣的人，注意聽他們有過什麼經驗。找機會踏出你的經驗

舒適區。比如說，和政治觀點完全相異的人互動，發掘那些社會邊緣人的生活樣貌，跟宗教立場不同的人交往，找出其中意義，或者與在工作上或所在組織立場完全不同的人交流。試想一九四七年印度獨立之前，甘地在回教徒與印度教徒衝突期間所做的宣言：「我是回教徒，是印度教徒，是基督徒，是猶太教徒，你們也都是。」有高度同理心的人會質疑自己的成見和偏見，他們會在別人身上尋求共通點，而不是分歧點，他們會從別人的生活和工作方式裡取得第一手經驗。

也難怪同理心和學習呈正向關係。你有能力去理解別人，為他人設身處地，接納不同觀點，敞開心胸，摒除成見，這些都能改善你的批判性思維技巧。此外，也能提升你的洞察力，有助於問題的辨識力，使你的立場不再僵化，變得更有彈性，同時也降低壓力。所有這些好處在任何情況下都很受用，而且隨著工作職場的日益全球化，同理心已經漸漸變成一種更具價值的工作技能。

✍ 重點訊息和行動

　　本章的重點訊息是：沒有他人的幫助和支持，你不可能透過學習成為最優秀的領導者。在各領域裡努力的頂尖高手，全都有教練和訓練人員。最佳領導者也一樣。專家的支持、建言和忠告都會對你的模範領導者養成之路造成直接影響。你必須藉由同理心的發揮來維繫和鞏固這些人脈關係。

自我訓練行動

在第十章裡，你反省了自己的發展需求，列出了一份你可以全力以赴、找方法挑戰自己潛能的可能清單。但現在，要找誰來幫忙你完成這些事呢？

在你的領導日誌上，把可以協助你成長的人全寫下來。他們可能來自於你的工作職場、家庭或社群。想想看有誰可以提供支持、訓練和指導，誰可以挑戰你，逼你走出舒適圈。把他們視為你的學習和發展團隊。你希望誰能加入這個團隊？他們各自扮演的角色是什麼？你需要從他們身上得到什麼樣的協助？

比如說，有人可能是你可以看齊的楷模，有人可能是教練，也有人可能只負責鼓勵你。找時間請每個人喝杯咖啡或茶，坐下來，好好聊一聊。讓他們知道你需要什麼協助，他們可以怎麼幫忙。千萬不要對自己的請託感到不好意思。一般人在聽到別人求助時，通常都很樂於分享自己的知識和經驗。

第十五章
建立關係

你是如何學會領導？在針對個人最佳領導經驗的研究調查裡，我們向每個人提出了這個問題。不管受訪者是在何種事業領域，也不管他們是如何獲取領導知識和技術，答案普遍都不脫以下兩類。

第一類答案是嘗試錯誤。邊做邊學是最無可取代的方法，尤其當你在做富有挑戰性的事情時。而且大家的說法幾乎跟卡爾派電業公司（Calpine Corporation）商貿保險副總裁丹尼斯‧史脫拉卡（Denise Straka）所說的如出一轍：「我學習領導力的方法之一是靠嘗試錯誤。我會承認自己做錯了，然後在下一次改弦易轍。」[1]不管是接下新的管理工作，帶領團隊專案計畫，為某義務性的社區改善計畫奔走，主持某專業學會的年度會議，擔任某運動隊伍的隊長，抑或創業成立新公司，反正越是有機會發揮領導的角色，就越有可能培養出領導技能。你就是得上場試試看。有些技巧效果不錯，有些則不然。可是當你退後一步，反省以前的經歷時，這些經驗都會成為你學習領導力的寶貴教訓。

最常被提到的第二類答案就是從**別人**身上學習。誠如我們在前一章所提到的，你不只需要他人的支持，也需要向有經驗的領導者學習他們的經驗教訓。你不必親自體驗他們的經驗，你可以觀察他

們如何領導，從中學習，包括好的領導和不良的領導。巔峰銀行（Pinnacle Bank）執行副總兼資深信貸主任克利夫・丹尼特（Cliff Dennett）也呼應這個說法，他告訴我們「他很幸運，跟了幾位很出色的領導者，受益匪淺。長年下來，我都把這些領導者的正面特性記在腦海裡。」看看四周，一定有人可以向你示範真實世界裡的領導統御是何等模樣。[2]

有經驗的領導者不只是你的榜樣，也是必要的人脈，你可以透過他們吸收資訊、取得資源、結識更多的人。他們有助於你更輕鬆地打開其他大門，給你更多機會去結識那些未來可以為你提供額外學習和事業機會的人。

要成為模範領導者就必須建立人脈。你必須邀請他人進入你的生活圈。你必須敲敲門，向他們自我介紹。你必須保持好奇，想要與他們互動。你必須願意接近人們，敞開心胸接納。你必須進入別人已進入的資源裡，找機會觀察身邊的領導者，學習他們的社交技巧，以利未來的社交互動。要做到這一點，不一定得性格外向才行，安靜內向還是能把關係經營得有聲有色。[3]不管你是哪一種個性，都必須做好人脈的經營，建立良好的關係。

社會關係的建立

說到人脈關係的建立，你必須主動。你得主動出擊，去敲人家大門或者打個電話，請問他們可否花幾分鐘時間談談他們的工作。前幾章所提到的電影製片布萊恩・葛瑞澤在這方面就很厲害。

「我自己有個原則，」布萊恩解釋道，「要求自己每天都要在演藝圈裡認識一個人。」一開始，他都是跟圈內人聊，可是「我很快發現到需要往外伸出觸角，去跟任何行業裡的任何一個人聊，只要我覺得好奇就行。不是只有演藝圈的人願意聊自己和他們的工作——每個人都願意聊。」[4]布萊恩估計這些對話已經超過五百次，而且最後都會談到電影、風險生意和一些創意。最重要的是，這些談話內容增長了他的見識，讓他可以在生活中隨時利用這些知識。

一些和社會性資本有關的證據也支持布萊恩這種強調人際關係的信仰。[5]人類是社交的動物，本來就懂得如何建立關係。[6]而生存和成長也都得靠它。如果不是因為人們需要建立關係，資訊經濟根本不會存在。資訊的流通靠的是社交網絡，透過互惠規範，參與其中的人都能受惠。人們為彼此成就非常之事。你必須利用這股潮流建立起社交網絡，你的人脈和關係越多，便越有機會獲得更豐富多樣的資訊和知識來源。它們會擴大你的潛在人才庫，讓你有更多人選可以請教和學習。詹姆斯·辛屈（James Citrin）是獵才公司Spencer Stuart的資深合夥人和董事，也是《事業劇本》（*Career Playbook: Essential Advice for Today Aspiring Young Professional*）的作者，他解釋人際關係「對找工作和勝任工作來說很重要，也是有助總體幸福感的基本要素之一」。[7]研究調查清楚顯示，當社會關係充沛且穩固時，就會有更多信任、互惠、資訊流、集體行動、快樂和財富。

你不能不佩服和肯定布萊恩的作為，因為其實沒有人要求他去

展開好奇心對話。這點子是他自己想出來的。從他大學畢業之後，就開始身體力行。你也可以。你可以規定自己每天找一個人進行好奇心對話。如果不能每天一次，也可以每個禮拜一次。保持好奇，人脈關係才會往外擴張。

優質的人際關係很重要

在事業推進的過程中，人脈關係品質會變得越來越重要。最近的縱向研究發現到，人們在二十幾歲的時候，就可以從社交互動數量預測幸福感。但隨著人們步入三十幾歲，甚至更年長，人際關係的品質就變得更重要了。[8]與他人培養親密感的能力將漸漸成為你在個人發展和專業發展上的重要因素。

研究人員已經證實，「優質的人際關係有助於個人的成長以及團隊和組織的成效。」[9]擁有優質人際關係的人比較健康，有更高的認知能力，思想更為開放，適應力更強，更能矢志效忠組織，更清楚誰可以信賴、誰不值得信賴。此外，他們也展現出更多的學習行為。擁有優質人際關係的人心胸較寬大，會更樂於去充分理解自己和別人的觀點。優質的人際關係會讓你更專注在周遭事情上，留意如何參與各種不同活動。人際關係的品質對你的學習品質將造成重大影響。

你還是得做你自己，只是你會因為結識到一些願意把技術和經驗傳授給你的人，而能更有效地培養出自己的領導力。你要去了解他們的奮鬥過程、遭遇過的困境、曾犯的錯誤，以及他們現有的成

就。試著去結識那些不是特別有名或顯眼，但能力很強、具有奉獻精神、很清楚自己本事的人。最重要的是，請結識那些會讓你覺得很自在舒服的人，畢竟人際關係的目的是要鼓舞和激勵你改進自我。所以你所結識和交往的人必須是很關心你，希望你能精益求精的人。

要尋找和挑選這些人，請先從周遭開始。有哪個朋友或同事曾在你很感興趣的領域裡有過成功的領導經驗？誰很精通你最想學會的某種領導技術？誰很有判斷力？深具見解？頗富遠見？有誰曾在事業生涯中克服障礙或否定？想想看你現在最需要的是什麼？然後看看身邊的熟人。先從身邊找起，等你交際經驗越來越純熟，再往外擴大圈子尋找學習對象。科技公司Pointwise Inc. 的資深工程師崔維斯·卡瑞（Travis Carrigan）告訴我們，這種事他已經做了好幾年。他說最後一定會引來一些很棒的專案和合作計畫。他說：「顯然是這些人際關係幫助我成為更優秀的領導者、傾聽者和工程師。」

尋找可以看齊的正面榜樣

人們最終會變得跟他們所觀察的領導者一樣。如果你也想成為模範領導者，就必須觀察和研究他們。「模仿是培養能力的第一步，」史丹福大學教授艾伯特·班度拉是這議題的全球權威之一，他說：「人可以靠觀察典範表現來汲取跟該技術動態結構有關的知識。觀察者若能有機會不斷觀察這些典範活動，就能找到那門技術

的基本特徵，再將他們懂的部分組織起來加以驗證，再特別留意哪些地方有遺漏。」

要成為最佳領導者，你不只需要知識、技術和態度來讓你成為成功的領導者，也需要了解如何把這些東西運用在不同的生活場景裡。雖然閱讀領導者的故事以及觀看這方面的影視多少有幫助，但更管用的方法是，直接觀察真實生活裡精通領導技術的人，與他們即時交流。

如果你想改善演講技巧更激勵人心，就去研究對這方面精通的人。如果你想知道如何進行棘手的協商，就找方法去觀察精通此道者的協商技巧。如果你想知道如何讓自己變得有遠見，就花點時間多跟有遠見的人相處。除非你親眼看到某件事被成功地落實，否則你永遠不知道是如何辦到的。觀察精通者的親身示範，是格外有效的學習方法。

當然你終究還是得自己上場。你不可能每次上場前都拿出平板電腦，先看看專家怎麼做。但如果你可以拿某人當榜樣，在腦海裡演練一遍同樣的技巧，效果將會更好。比如說，我們請教過布朗兄弟哈里曼銀行（Brown Brothers Harriman）的合夥人泰勒‧包曼（Taylor Bodman）心目中的領導榜樣是誰。結果他鉅細靡遺地告訴我們，他為什麼選擇這些人？他們各自的成就是什麼？他對每一個人的感覺是什麼？以及他從每個人身上學到什麼，使他能成為更優秀的領導者？這些人都與他頗有私交，不是雜誌封面人物，就是夜間頭條新聞裡的人物。

泰勒的經驗完全吻合我們的研究結果：多數人發現他們看齊的

榜樣其實都離他們不遠。雖然大眾媒體經常大幅報導那些名利雙收的人士，但大部分的人都不會把他們當成榜樣，學習他們的領導術。這三十年來，我們請教過很多人，要求他們回想誰才是他們這一生中的領導榜樣，得到的答案始終一致。對三十歲以下的受訪者來說，躋身前三名的領導榜樣不是家人，就是老師或教練，不然就是社群領袖或宗教領袖。對三十歲以上的受訪者來說，前三名是家人、企業領導者（通常是他們早年事業生涯中遇到的主管），以及老師或教練。

正面的榜樣是必要的，因為你不可能靠一個負面教材來讓自己出類拔萃，只有正面教材才可以。你大可知道有一百件事不能做，但如果你連一件可以做的事都不知道，怎麼可能有任何表現？同樣道理，你無法從一個無能的主管身上學到什麼，與其知道自己不想向誰看齊，還不如知道自己想向誰看齊。生活裡有個可以看齊的正面榜樣是很重要的，因為他們可以親身示範領導行為或實務作業上的嫻熟技巧。

每個人可供你看齊的地方都不一樣。更何況，你所看齊的榜樣人物不見得在領導統御的每個領域都堪稱楷模，這要求未免太高了一點。你只要專注在一兩種你最想學會的技巧，再找出一位很擅長這類技巧的人就行了。你所看齊的榜樣人物可以來自任何地方（家裡、工作或社群），所以在你四周尋找一下。你會因為親眼看見他們的行為示範而受益良多。

✍ 重點訊息和行動

　　本章的重點訊息是：要學習成為有效的領導者，就必須建立關係。你需要有好的建言和忠告，你需要人們幫你打開大門。想想看這些人是誰，你要如何結識他們，你要怎麼做才能改善你和他們的關係。你必須主動建立關係並加以維繫。找到你可以看齊的榜樣，觀察他們如何展現作為，仿效他們。

自我訓練行動

在上一章裡，我們請你與那些願意支持你和鼓勵你的人為伍。現在我們希望你再更進一步，幫自己組一個私人董事會。這個私人董事會裡要有四到七名備受你尊重和信任的人，這些人會在你遇到棘手問題和道德難題時給予忠告，在過渡期間指點你方向，為你提供跟個人發展需求有關的建言，幫忙你忠於自己的價值觀和信仰。他們代表的是多樣化的技術和經驗，你可以把他們當榜樣看齊，有很多你想自我培養的技術，都可以從他們身上學到。[10]

你想把誰放進你的私人董事會裡？在你的領導日誌上列出他們的名字，最好也寫出他們各自能帶給你的幫助是什麼。先找上其中一個人，請他加入你的董事會，告訴對方你有什麼打算，請問他可不可以不時撥冗跟你喝咖啡，順便給你意見與指教。然後你再去找第二個人選。

第十六章
少了意見回饋，你就無法成長

　　加利森・凱勒（Garrison Keillor）是電臺綜藝節目《牧場之家好作伴》（*A Prairie Home Companion*）的創作者兼主持人，節目裡的新聞單元每次都以這段話結尾：「好啦，這是來自沃伯根湖（Lake Wobegon）的新聞，那裡的女士都很強勢，男士都很英俊，小孩也都在水準之上。」雖然這個自以為高人一等的虛構小鎮應該是坐落在明尼蘇達州，但也可能坐落在任何地方。原因是我們一再發現到，研究調查裡的受訪者不管被調查的技術和能力是什麼，都會自稱自己的技術和能力在水準之上。[1] 舉例來說，百分之九十以上的大學教授都把自己的教學能力評為水準以上，有超過三分之二的教授認定自己一定有前百分之二十五強。[2] 幾近三分之二的美國司機自評駕駛技術出色或非常好。[3] 大部分的人都認為他們比同儕來得優秀。[4] 從數學角度看，當然是不可能的。更何況研究調查顯示，在工作的相關技能上，人們的自我評鑑往往與客觀評量沒有太大的關聯性。[5]

　　良好的自我認知也許對自我尊重是件好事，但說到要改善教學、駕駛、領導或其他任何方面的技術或能力，可能就沒那麼管用了。事實上，大家不像自己想像得那麼好，也不像自以為認定的那

麼差。在大幅度地自我改進之前，必須先根據一套可靠的標準做出精確評估。要治好這種烏比崗湖效應（Lake Wobegon effect）的毛病，最有效的方法就是靠意見回饋。

對學習來說，合理又管用的意見回饋是必要的。如果你不知道自己做得如何，也沒找出自己需要力求改進的地方何在，就不可能出現學習的行為。我們的研究結果清楚顯示，優秀的領導者都是主動的學習者，從不相信自己什麼都懂。[6]他們對各種來源的點子都抱持開放態度，至於跟領導力有關的意見回饋，最好是來自你試圖影響的人，因為只有他們才能確實回應你的行動對他們造成什麼影響。雖然有些人從不說好話，有些人只會用糖衣包裹，你還是得做好聆聽的準備，因為要求意見回饋是你必須養成的習慣。

問題是大部分的人都不想有意見回饋，也不要求意見回饋，更聽不到什麼意見回饋，除非是被強迫。[7]舉例來說，你有多常要求別人透過意見回饋告知你的行動會如何影響別人的表現？從兩百五十多萬名受訪者所蒐集到的資料顯示，在《領導統御實務要領目錄》（Leadership Practices Inventory）裡的三十種領導行為當中，這個行為排名在最後面。[8]人們不只說這是他們最不常施展的行為，就連他們的經理、同事和直屬屬下，也把它列在領導者鮮少展現的行為裡。[9]

大家也都同意這一點：要求意見回饋不是許多領導者都會做的事情。

意見回饋會讓你很容易受到傷害

為什麼意見回饋給人的感覺像是派對裡不受歡迎的來賓？為什麼有這麼多人在躲避這個對個人、專業和組織有眾多好處的東西？一般人——尤其是那些位居領導要職的人——之所以不會主動要求意見回饋，主要原因是他們擔心會有被曝光的感覺——會讓人家知道他們其實不完美，不是什麼事都懂，他們沒有那麼精通領導術，他們不足以擔當此大任。

《感謝意見回饋》（*Thanks for the Feedback: The Science and Art of Receiving Feedback Well*）的作者道格拉斯・史東（Douglas Stone）和席拉・喜恩（Sheila Heen）指稱，意見回饋的過程會撞擊到兩個基本需求面之間的對峙張力：對學習和成長的需求，以及接受你原本樣子的需求。[10]於是就算是看起來很和善、溫和或者相對無害的建議，也會令人生氣、焦慮，覺得受到不公平的對待，或者自覺深受威脅。

意見回饋通常是透過評鑑或鑑定架構來檢視：好或壞、對或錯、前百分之十還是殿後。這些架構會引發抗拒心理，不只接收者會抗拒，傳送者那一方也會。管理顧問傑克・曾格爾（Jack Zenger）和約瑟夫・福克曼（Joseph Folkman）指稱，雖然人們都相信建設性的批評指教對他們的事業發展是必要的，但還是覺得對別人批評指教是很尷尬的事。他們也說，那些不太習慣提供負面意見回饋的人，也相對不太喜歡聽到別人給的意見回饋。[11]

　　要學習成為更優秀的領導者就需要意見回饋，因為它是學習和成長的必備條件。但是你要如何心安理得地給予和接受意見回饋呢？第一步就是不要用固定心態來看待意見回饋，而是要透過成長心態，這兩種心態我們曾在第五章討論過。有了成長心態，意見回饋就會成為學習過程裡不可少的一部分。你會對自己和別人說：「這是合理又管用的資訊，可以幫助我在領導力方面更上一層樓。」當你用這個方式來架構它時，它就不像是在指正你的缺失，反而比較像是你的機會。這也正是紐西蘭最大的電信基礎設施公司Chorus總經理艾德‧比帝（Ed Beattie）看待意見回饋的方法。「艾德會認真聆聽每一次的意見回饋，」他的一位直屬屬下這樣說，「他不要我們有所隱瞞，尤其是跟他個人表現有關的意見回饋。他想知道真實情況──不管好壞或醜陋。每個人都能夠開誠布公地對他提出建言，不必擔心他會生氣或有戒心。」

　　誠如艾德所言，有了正面心態，你就會對眼前的意見回饋和自己有不一樣的看法。你會認為你可以從批評裡學到東西，你的能力會不斷精進，好好努力一定可以克服各種障礙和缺失，還有哪怕是最令人難堪的意見回饋，也能夠激勵你自我改善。[12]這一開始可能有點困難，但如果你試著把意見回饋重新架構成可以讓你精益求精的機會，久而久之就容易多了。當然，並非所有意見回饋都是負面的，你也會想知道哪些地方你做得不錯，以強化自己的優勢。

　　除此之外，你必須向你想聽到意見回饋的人發出訊息，你必須讓他們知道，你認為意見回饋是你成長和發展的必要條件，你很重視他們的看法，如果他們願意跟你分享他們的心得與看法，你會很

感激。你必須證明你已經聽到他們的意見，也了解他們的用意，不只靠言語表示，也要透過後續行為來表示。最重要的是，沒有人會因為坦誠地評定你身為領導者的行為表現而受到懲罰。

學習成為更優秀的領導者需要有相當程度的自知之明，也需要你不怕自曝其短，更需要你敞開心胸，接受各種可能令你尷尬或不快的資訊。但不可否認的是，若是你目前的表現得不到充分的意見回饋，根本就不可能做進一步的提升。在這過程中很重要的一件事，是務必確保你的人際關係建立在互信的堅固基礎上。

意見回饋需要信任

因為你不知道要求意見回饋時對方會說出什麼，所以你可能會向你信任的人尋求意見回饋。別人也一樣。如果他們信任你，才會願意敞開心胸對你坦誠。這是一種互惠的過程。你必須信任他們，他們也必須信任你。所以如果你打算把意見回饋的要求放進你的時程表裡，也必須把信任放進來。

所謂信任就是彼此開誠布公。信任的建立涉及到環境的創造，讓身處在這個環境裡的人都可以坦誠相待。你必須為此設置一個舞台，向他們證明你重視也尊重他們的意見和看法。這表示你會聆聽他們，也表示你會走出自己的舒適圈，放棄以前或現在的做事方式。建立信任，意味不要做出無法履行的承諾。不管你多希望自己能做出一點成績，也不能過度承諾。建立信任需要你先願意相信別人的良善意圖，此外也意味哪怕他們令你失望，你也有雅量讓對方

知道，只要是人難免都會犯錯。

信任就是信賴他人，對他們有信心。這對任何人來說都是難事，尤其對領導者而言。以領導者身分信任別人，等於是把自己的公信力和事業都賭了進去。你得承受別人的行為後果，而不再只有你自己的。這是領導者為了達成以前從未有過的成就而必須接受的一種風險。誠如澳洲飲料公司Frucor執行長強納森‧摩斯（Jonathan Moss）所言：「說到底，信任就是要向別人打開心房，曝露自己的弱點。」

盡全力學習成為優秀的領導者，意謂著信任關係的建立，也意謂這種關係的建立必須讓當事者放心到敢坦誠面對彼此。除非這些條件都成立，否則你不可能得到你需要的意見回饋。認真來說，在理想的學習環境裡，信任向來是重要的元素之一。不管是學生和老師的關係、家長與孩子的關係、教練與球員的關係，還是經理與屬下的關係，信任都是決定學習能否進行的重要元素。

在信任的遊戲裡，領導者必須先下注。你的支持者正等著你主動踏出第一步。

你必須先主動

要你的同僚、屬下、經理或甚至朋友先主動來敲你的門，跟你說：「我想給你一些意見回饋」是極不可能的事。就算有，也鮮少有人會自願主動告知你的行動對他們造成什麼影響。要打破這個僵局的唯一方法是你先主動。領導者本來就該這麼做。如果你真的希

望別人對你的做事方法提出最誠懇的意見回饋，就必須先主動開口要求。

先主動正是美國中西部某金融服務公司副總史帝夫‧漢彌頓（Steve Hamilton）的做法。[13]史帝夫深知直接的個人意見回饋對他及他人的成長與發展非常寶貴，於是他請他的團隊成員給他三百六十度的績效評鑑。這在該組織裡史無前例。史帝夫知道若是要求團隊成員當著他的面公開討論他的績效表現，恐怕很難，於是在簡單說明流程之後，便交由他們去私下評估他的表現。他們雖然老大不願意，而且對評估方法不是很有把握，也不確定史帝夫有沒有自信去做這種事，但還是逐一解決了這些問題，在史帝夫的要求下，當面提出了他們的意見回饋。

「我所得到的這種意見回饋是很難得的，」史帝夫告訴我們，然後又補充道：「它對這個團體來說真的很有好處。你冒了個人的風險，你向這個團體示範你冒著個人風險取得誠懇的意見回饋是很OK的。我希望團隊成員們在完成任務之後會感覺到，這種環境是很棒的，這種意見回饋對成長而言是必要的，他們會親眼看見你是如何坦然接受意見回饋以及你的處理方式。」

史帝夫主動尋求他人的協助，敞開心胸吸收新資訊，並勇於承擔並非每句話都中聽的風險。他用這種方法曝露自己的弱點，才得以跟他的團隊建立起互信關係。也因為他能這樣主動請求他人協助，他的團隊才會對這種意見回饋方式有了新的認識，也開始跟著重視──結果他們也變得很願意向史帝夫或彼此要求意見回饋。

已故的領導學者和總統顧問約翰‧加德納（John Gardner）曾

這樣評論：「可惜領導者被夾在從不愛戴你的批評者和從不批評你的愛戴者之間。」[14] 沒有人喜歡那些老是狗嘴吐不出象牙的人的批評，但另一方面來說，滿嘴奉承、一心只想討你歡喜的人，沒有一句話可信，所以對你也沒什麼好處。你若想坦誠面對自己，需要的是**愛戴你的批評者**—— 他們關心你，也希望你有好的表現。正因為他們關心你的福祉，所以他們願意給你意見回饋，好讓你盡可能地成為最優秀的領導者。

✍ 重點訊息和行動

本章的重點訊息是：如果你想要成長和發展自己的領導技能，就必須仰賴周遭的人來告訴你，你的行為和行動所帶來的影響。他們的意見回饋是唯一可以讓你得知別人對你的感受的方法，以及你對他們的績效表現和參與程度有何正面、負面或持平的影響。這種開明又誠懇的意見回饋只有在互信的基礎上才可能出現。身為領導者的你，必須先主動創造讓人們足夠信任彼此的氛圍，他們才會願意提供管用的資訊幫助你成長。

自我訓練行動

在下次團隊會議裡，把其中一位你很信任的人拉到一旁，告訴對方你想知道你的行為表現對這場會議的討論和決策有什麼影響，你希望能在會後聽聽對方的意見回饋。你要告訴對方你想針對兩件事來討論：「在會議裡，我有做什麼事情來促進這場會議的討論？邀其他人加入對話？我有做了什麼事情妨礙別人發聲？忽略別人意見？或者沒有拿出該有的擔當做出決策？」你當然也有其他問題可以提問，但這裡的重點在於你想要某人擔任教練的角色，由他來點出你什麼地方做得不錯，什麼地方需要改進。務必要在你的領導日誌裡記下意見回饋的內容，才能持續追蹤自己的進度。

第一次做這種作業，一定要挑一個跟你關係不錯的人。這樣對他來說會比較自在一點，你也會比較願意敞開心胸接納對方的看法。你甚至可以每一次都找不同的人來提供意見回饋。這樣一來，才會有其他人也受到鼓舞，拿你當榜樣，照著你的方法做，使每個人都能受益。

當你取得了你所要的意見回饋時，只需要跟對方說聲謝謝，千萬不要為自己的行為辯護或找正當理由辯解。只要小心傾聽，尊重對方的觀點就行了。不管你收到什麼禮物，都可以用「謝謝您」這句悠久的適當措詞表達感激。

基礎原則五：審慎的練習

　　沒有練習，領導技能就不可能變得更好。除此之外，你必須遵守一些原則，否則花再多時間也沒意義。認清自己的長處，以此作為基礎，這一點很重要。不過也要知道哪些領域是自己的弱項，必須好好處理。

　　環境背景會大幅影響你在領導統御方面的成長和發展能力。充滿信任和尊重的環境就跟有利學習的機會點、對冒險的鼓勵與支持以及可以看齊的榜樣人物一樣至關重要。有時候你運氣不錯，剛好在這樣的環境裡工作，有時候則必須靠自己創造想要的領導文化。

　　要當一名模範領導者，需要矢志終生每日學習不間斷。不管你爬上幾座巔峰，若要有所進步，還是得每天跨出一步 —— 一次反省一件事，一次提出一個問題，一次學會一個教訓，養成每天都學點新東西的習慣，也養成每天都評估自己進度的習慣。

在後面三個章節裡，我們會檢視這幾個跟模範領導者養成有關
的關鍵主題：

- 領導力需要練習，練習需要時間。
- 環境背景很重要。
- 領導力的學習必須成為每天的習慣。

第十七章
領導力需要練習，練習需要時間

　　格蘭・米奇巴塔（Glenn Michibata）曾三度獲得全美冠軍，在職業網壇叱吒十年，在普林斯頓擔任男子網球總教練長達十二年。我們請教他球員們每天得花多少時間練球？格蘭回答：「我告訴他們，如果想保持原有實力，就得每天練球兩小時，若想進步，就要超過兩小時。」

　　格蘭的經驗教會他，要成為優秀的網球選手，不能每天只鍛鍊一下，或者每周只調整一次球技，抑或每個月只上一次指導課程。同樣的，三十三歲的中國籍鋼琴演奏家郎朗在我們請教他練琴習慣時說：「最起初那十五年，我一天要練琴八小時。」那現在呢？「三小時，」他說，「每天都要練。」研究人員研究了史上一些最有才華的人，結果發現每一個都是靠多年下來不間斷的練習才有如此傲人的成績。[1]

　　光靠與生俱來的天賦並不足以成就什麼。你得練習才行。但也不是隨便練練就有效，這是研究人員在研究過像外科手術、表演、西洋棋、寫作、電腦程式、芭蕾、音樂、航空和消防等領域的頂尖高手後所做出的結論。他們說：「對那些從沒參加過國家級或國際級競賽的人來說，出類拔萃的技藝看來可能只是多年來或數

十年來每日苦練的結果罷了。但住在洞穴裡，不代表你就能成為地質學家。所以也不是只要練習都能成就完美。你需要某種特殊的練習 —— **審慎的練習** —— 來培養你的專門技能。」[2]

具有經理頭銜的人也未必就是合格的領導者。頭銜不代表擅長領導。一般人通常會被拔擢為管理階層，是因為專業技術不錯或很會處理程序問題，工作能力強，但在領導力方面以及與人的密切合作上，並非那麼得心應手、深具技巧或者很感興趣。同樣的，通常人們在從事某作業活動時，都會先入為主地認定只要自己經常做，久而久之，就會越來越精通。

深度學習靠的是意圖（intentionality）和強度（intensity）。要成為某領域的頂尖高手，不是只靠經驗就夠了。舉例來說，你學會了開車，很可能開過幾萬英哩，也可能好幾年前就不再刻意去提升自己的開車技術，更別提接受任何訓練，讓自己成為最頂尖的車駕高手 —— 比如去喬治亞州亞特蘭大市的保時捷賽車學校（Porsche Sport Driving School）上課受訓。

我們請教過喜劇演員史帝夫・馬丁（Steve Martin）的崛起過程以及他對有志於表演的人有何忠告。他在回答中沒有提到要怎麼寫笑話或如何找個好的經紀人，反而建議：「你要厲害到他們無法漠視你。」[3]這表示你得花很多工夫不斷練習，精益求精，直到自己變得很厲害為止。同樣道理也適用於領導統御。要精通領導術，不是只露個面就行了，必須經年累月地花很多小時審慎練習。

練習、練習、再練習

只是什麼叫做**審慎的**練習？

第一，你不能只是隨便參加一個活動，應該要去參加經過特別設計的活動，以提升表現。比方說，去駕訓場或者揮擊完一桶球都不算是審慎的練習，尤其如果你是在賽前這麼做，因為這比較像是暖身。這類活動可能很有趣，你的表現或許會好一點，但這不是成為頂尖高手的管道。這裡的關鍵詞是**經過設計的**（designed），意思是這裡頭有一套方法，而且有非常明確具體的目標。通常你會和指導人員、教練或老師共同選定目標和方法。同樣道理，光是憑空想像你希望達成的事，是不可能成功的。卡爾加里大學（University of Calgary）教授皮爾斯・史提爾（Piers Steel）在他的著作中說：「充滿創意的憑空想像能創造出來的唯一財富，就是充滿幻想的生活。」[4]

其次，練習不是單一次就夠了。只參與一、兩次經過設計的學習經驗，是於事無補的。你必須一而再、再而三地投入，直到熟練才行，所以恐怕得花上好幾個小時的反覆練習。至於到底需要幾個小時，其實沒有硬性規定。究竟需要花多少時間，得看你要練習的技術是什麼。健身房裡的混合健身訓練，得配合舉重訓練以及指定好練習次數和各種健身器材才算數，這跟繞著你家附近一邊慢跑一邊用手機跟朋友講電話完全不同。對頂尖高手來說，草率的執行是不被接受的。

　　審慎練習的另一個重要特點是意見回饋的取得性（availability of feedback）。若是無法得知你的表現如何，就很難判定你到底離目標有多近以及執行方法正不正確。雖然有一天你的成就或許就足以用來評估你的表現，但你需要一位教練、良師益友或其他第三者來幫忙分析你做得如何。這個人必須能夠提供建設性甚或令人不快的意見回饋。誠如西澳大利亞多重硬化症協會（Multiple Sclerosis Society of Western Australia）執行長馬庫斯・史塔福德（Marcus Stafford）所言：「你可能不喜歡別人的意見回饋，但若要把自己培養成領導者，它是唯一的方法。」審慎的練習也需要高度專注力，哪怕有些類型的活動需要密集的體能訓練——譬如體育運動——但限制因子往往來自於心理上而非體能上。人們比較可能因為精神上而非身體上的疲累決定打退堂鼓。這也是為什麼審慎的練習課程時間通常只持續兩到三小時。

　　再者，審慎的練習本來就不是那麼有趣。雖然你應該熱愛你所做的事情，但是娛樂從來都不是審慎的練習所意圖的目標。頂尖高手之所以能熬過那種極度疲累的練習過程，絕不是因為它很有趣，而是看在自己的專業知識能不斷精進，離夢想越來越近的分上。

　　最後一件無可逃避的事實是，練習需要花時間。但是你的時間通常珍貴到你覺得恐怕挪不出任何時間，更別提要在你的行程裡再增加額外的活動。你也許對以下這句話很熟悉：如果你想成為專家，就得花「一萬個小時練習」。[5]但真相是，這裡頭其實沒有任何明確的時數。你就是必須花時間，只是無須小題大作所需時數。最好的經驗法則或許是喬治・李奧納德（George Leonard）在他著作

《精通術》（*Mastery*）裡所寫的：「我們都渴望精通某樣技術，但這條路通常很漫長，有時很崎嶇，保證絕對沒有簡單的速成方法。」[6] 更重要的是，精通在於你如何利用時間去極大化你的潛力和學習技能。這也是為什麼你必須學著把工作職場轉化為實習場，盡量研製出例行練習的方式，讓你可以在平常工作時間就動手參與。

趁工作時練習

假設你得到的意見回饋是你鮮少注意聽別人說什麼，如果你多留意別人的說話內容，工作會比較有成效。那你要如何審慎練習傾聽技巧，但又不會讓已經忙得不可開交的你得多添一些額外的工作時數？你能趁工作之便做什麼，以便利用設計過的學習活動來改善自己的傾聽技巧？

一開始你得先設定一個有意義的延展型目標。任何一種練習的最後目標都是要提升表現，無論你是在學習某種新的東西，或者微調既有的技術。此外，你應該要能更上一層樓，而不只是重複做你本來就會的事。比方說，你設定的目標可能是在回答任何人之前，都先釐清對方在說什麼。所以接下來，你會想設計或挑選一個改進的方法。你需要一個流程來自我改進──幾個可以不斷重複的步驟來確定你的做法是對的。

舉例來說，你決定培養你的傾聽技巧，方法是趁員工周會時，使用主動傾聽的技巧。[7] 會議過後，你需要有人意見回饋你的執行結果以及你有多接近你所設定的目標。這個意見回饋可以來自於任

何一位與會者。比如說，你可以請教每一位與會者：「在主動傾聽上，我的表現如何？我有聽得很仔細嗎？」如果這個方法在你的組織裡不可行，那就請一位指導人員或你信任的同僚就近觀察你。這個人必須能提供你意見回饋和主動傾聽的訣竅。你甚至可以把會議過程錄影下來事後觀看。這也是很多老師、公眾演說者和運動員會做的事，因為這樣一來，便能即時感受之前發生的事。錄影和重播可能不是每次都可行，但如果可行，這種方法所得到的意見回饋將會非常寶貴。

要從練習裡受惠，便得密切注意你正在做的事情。你不能在練習過程中採自動導航模式。你需要全神貫注，保持專注，實地使用你正在實驗的技巧。雖然會有點不自在，但重點是你必須堅持下去，直到它變成你的第二本能。

利用會議場合來培養技巧，只是教你如何把日常活動轉化成領導力練習場的方法之一。也還有其他很多方法可以在職場裡展開審慎的練習。比如說對個案研究進行分析和角色扮演，就是演練危機事件應變技巧的方法。

尼克・馬丁（Nick Martin）和喬治亞・迪馬特奧（Georgia DiMatteo）兩人同時參加了德拉瓦大學（University of Delaware）的領導力開發課程。在「向舊習挑戰」的領導實務作業上，尼克總能應付自如，喬治亞卻覺得棘手。可是說到「鼓舞人心」，喬治亞便可從容應對，尼克卻膽怯迴避。於是他們決定互相幫忙對方練習，成為彼此的責任夥伴。兩個人都訂下要成為更優秀的領導者的目標。他們相互請教，針對兩人同時在場的場合，為各自較弱的領導

實務作業擬定運用策略。他們會在這類互動場合過後碰面，趁喝杯咖啡的時間順道提供意見回饋，討論在那種領導行為上自己是否得心應手？怎麼做效果才會更好？下次要如何改進？喬治亞說：「我們會不斷地微調學習過程，試著督促彼此，哪怕施加一點壓力給對方。」儘管不斷提出建設性的批評，但他們始終支持彼此，求取進步，努力成為更優秀的領導者。

你不能忽略自己的缺點

近來你聽到很多人說你應該忽略自己的缺點，去找互補的人合作，由對方來彌補你的缺點。雖然這可能是一個還不錯的營運建議，但這說法並不吻合研究人員針對專業技術所做的研究結果。他們已經證實，在各種行業和專業領域裡，唯有去做你不會做的事，才能成為你立志想成為的專家。[8]

如果你想盡全力成為最優秀的領導者，就得好好處理自己的缺點。你不能找別人來代理你應付不來的領導行為。這麼做，只會讓這個缺點始終存在。雖然你做的每一件事情可能都比不上別人，但只要不斷練習、練習、再練習就會進步。你會領會到何以鍥而不捨的精神是頂尖高手之所以不同於光說不練者的特性之一。頂尖人士對於追求進步從來不會厭倦。

請看看拿過十一枚NBA冠軍戒指的總教練菲爾‧傑克森（Phil Jackson）如何形容傳奇球星麥可‧喬丹（Michael Jordan）：

從球場上的進攻端來看，麥可最弱的地方就是投籃，所以顯然他大學一畢業，便把別人說他做得不好的地方練得徹底精通。他一直投籃、投籃、再投籃，從不間斷。人家也告訴他，他不算是個很厲害的防守型球員，於是他找到方法不只讓自己成為一名優秀的防守型球員，也成為NBA裡最厲害的防守型球員。這傢伙曾說：「那些都是我的弱點，我得想一想怎麼把它們變成我的強項。」他辦到了。[9]

所以看來你不能視而不見自己的缺點。蓋洛普組織的資深管理顧問布萊恩・布里姆（Brian Brim）解釋道，忽視缺點不代表你能趕走它們，這麼做只會讓缺點變得更嚴重，因為它們會不斷阻撓你的成就。「我們必須處置它們，免得老被搞得狼狽不堪。」布萊恩說道。[10]

學習成為更優秀的領導者，一開始不需要從最困難、最可怕或最富挑戰的行為或技術學起。先從那些如果專心去做，再加上審慎的專心練習便能有所進步的事情開始。別因為看起來很困難就把需要改善的事擱在一旁不處理。也許只是你需要先看到自己在某些地方的改善成果，才會有自信去處理那些最迫切需要培養的能力。

✍️ 重點訊息和行動

　　本章的重點訊息是：不練習你的領導力不可能變得更好，其他領域也一樣。再者，除非你審慎地循步驟而行，否則花再多時間練習也沒幫助。認識自己的優點所在，以此做為基礎，但也同時必須明白自己的弱點何在，加以處理。有句箴言要送給二十一世紀的學習者：不管我多優秀，我都可以變得更優秀。

自我訓練行動

在你的領導日誌上列出一份清單,把你很想改進的領導技巧逐一寫下來。可能是某件你已經做得不錯的事情,或者需要再改進的地方。現在把那件事分解成幾個基本區塊。[11]以提案技巧為例,組成元素包括眼神接觸、手勢、語調、故事、視覺資料等。挑出其中一兩個你想改進的項目,再決定用什麼方法來練習。例如你可以以將眼神接觸視為首要改進的目標,找一個練習場來實地演練(譬如每周的員工會議)。你要很清楚為什麼對你跟團隊,以及組織、同僚或顧客來說,這部分做得更好是很重要的。這樣一來你才有動力堅持下去。

此外也要找到願意協助你的人,請對方在你練習的時候好好觀察你的表現。在某個小地方上設定一個改進的目標,給自己學習的空間,並根據你所得到的意見回饋來重新校準行為。別擔心第一次做得夠不夠好,只要專注在你的目標上,並堅持下去就行了。投入必要的時間,以便讓這種新的行為漸漸成為你的本能。拿提案技巧來說,也許在接下來的三次會議裡,都得練習你的眼神接觸。每開完一次會,就反省哪些地方做得好、哪些不夠好,這樣一來,才能把學到的教訓運用在下次的改進目標上。並在你的領導日誌裡記錄你的練習經驗。

第十八章
環境背景很重要

　　藍尼・林德（Lenny Lind）除了其他專業之外，也是一位薩爾瓦多的咖啡農夫。我們在一場會議上跟藍尼合作，探索他的農事心得，以及如何將這些心得運用在領導者的養成上。藍尼說他的農藝專家路易士・古提瑞茲（Luis Gutierrez）很堅持每株咖啡樹都要住在 *buena casa*（好房子）裡才能長得好。這表示他們幫咖啡幼苗挖的洞必須很深，還要填滿優質的土壤和肥料。雖然洞挖淺一點及使用品質一般的土壤和肥料成本較低，但咖啡樹若能一開始就在 *buena casa* 裡扎根，會長得特別茂盛，果實纍纍。

　　同樣道理也適用於人類。當居住和工作環境能提供有利成長和發展的基本條件及支援時，人們就會成功。當條件不佳缺乏支援時，他們便得辛苦奮鬥，難以發揮潛能。也就是說，當組織有豐富的領導文化時，領導者便會應運而生。他們能茁壯成長為組織貢獻，是因為曾得到所需的照顧與關注。

　　說到環境背景是如何影響人們的決策、行動和福祉，哈佛大學心理學教授艾倫・蘭格（Ellen Langer）是這方面的世界級專家之一。[1] 她的觀察是：「如果你想取得你的人生控制權，第一步是先反問自己，誰在控制這樣的環境背景，然後找方法創造出你要的環境

背景，才能去做你想做的事。認清你的環境背景，小心做出選擇，才能成為自己命運的主宰者。」[2]

以某個經典實驗為例，艾倫和她的同僚們送植物給安養院的院民。被歸在實驗組的院民，被鼓勵自行決定植物的照顧方式，而對照組的院民則獲知護理人員會照顧這些植物。除此之外，實驗組的院民也被鼓勵在其他方面也可以自行做主，譬如他們要在哪裡接見訪客，或者哪一天晚上才想看電影。同樣的，對照組院民則是方方面面都不被鼓勵自己做決定。

最後的結果很驚人。十八個月後實驗結束，實驗組院民的健康狀況明顯改善，死亡率跟著降低。而對照組院民的健康狀況卻每況愈下。由於會被提醒很多決定都得自己做，在安養院裡得為自己的生活負起更多責任的院民，相較於對照組就顯得「更主動，更積極活躍，更擅長社交」。[3]研究人員當初是以隨機方式將院民分配到不同組別，所以絕非院民的個性造成這樣的差異，而是組織裡的環境背景所造成。

所以如果你想提升和培養領導能力，留意自己所居住和工作的環境背景就成了一件很重要的事。要是你處在一個懂得孕育領導力，並能提供眾多練習機會的組織環境裡，那自然十分理想。但有時候，你剛好就被放在一個不是那麼理想，甚至條件稍嫌粗糙的環境裡，在這種情況下，你就得自行發展和樹立你自己的領導文化。

培養領導文化

　　環境背景很重要。你從日常的生活經驗裡就能清楚得知，環境背景對你思想和行為的影響有多大。舉例來說，當你在主題遊樂園裡，譬如迪士尼樂園、艾芙特林遊樂園（Efteling）、樂天世界（Lotte World）或樂高主題樂園（LEGOLAND），你知道你可以放聲大笑、開心尖叫和盡情玩耍。但如果是在禮拜堂、圖書館或殯儀館裡，不用說也知道以上行為恐怕遭人非議。只要說個環境地點，你立刻知道自己該展現什麼行為。

　　回到職場上，環境背景通常被當作組織文化來討論。這是一個有點難捉摸的概念。埃德加‧沙因（Edgar Schein）是麻省理工學院史隆管理學院的榮譽教授，也是組織文化這個主題的權威之一，根據他的說法，組織文化可以從三個層面去理解。第一個層面是人工製品或人為現象，也就是你可以看到的東西：架構、流程以及可觀察到的行為。你可以從服裝、室內設計、家具、正式的管理系統、組織圖、員工津貼、公司刊物這類東西裡看出來。第二個層面是信仰和價值觀，這些是屬於組織和領導者會捍衛的理想、抱負、願景和意識形態。你會在演說裡、員工迎新講習、培訓課程和牆上海報看到這些信仰內容。組織文化的第三個層面是「習以為常的潛在信仰和價值觀」，它們不會明顯出現在演說或文字裡，它們是隱晦的，不明確的，但卻是影響人們思考、感受和行為的最大因素。[4]

　　舉例來說，我們在第五章討論過固定心態和成長心態，以及這

兩種心態是如何各自影響學習表現。假設固定心態是某組織裡的常態現象,該組織裡普遍的想法是,員工的能力是固定的、員工的基本行為是改變不了的。也可以想像一下組織裡的主流想法是成長心態。心態若完全不同,難道不會影響人們的招募、管理和培養方法嗎?

這正是研究人員在檢視成長心態與固定心態兩種組織之間的差異時所發現的事情。在成長心態的組織裡,會存在著一種「人才有待培養的文化」。領導者相信員工的能力是可以成長的,而且可以從錯誤中學習。相較於固定心態的工作職場,成長心態職場裡的人普遍認定員工們都肯積極學習,也認定自己的組織較具有領導潛力。[5]如果你想盡全力成為最優秀的領導者,在具有領導文化的組織裡工作受益良多。因為在這種領導文化裡,無論行事風格、檯面上或檯面下的信仰和價值觀,全都支持領導力的培養。

領導文化的特徵

最可能協助領導者成長茁壯和展現成效的文化特徵是什麼?最近我們向兩百多位領導力教育人員和開發人員請教這個問題。[6]結果從他們的答案裡出現了四大類的文化特徵,分別是信任、學習機會、對冒險與失敗的支持,以及模範領導的榜樣。

在用來刻畫領導文化的字眼裡,信任是最常出現的。如果領導者期望成長茁壯,大家就得互相信任。他們必須覺得彼此相處是安全的,才會開誠布公。他們需要支持彼此的成長,當彼此的後盾,

有人跌倒或失足時會幫忙扶一把。他們需要互相合作，為每一個人歡呼喝采。他們必須尊重彼此的差異，敞開心胸接受另類觀點和背景。支持合作行為的領導文化會比強調內部競爭、以贏者通吃作為領導者拔擢和挑選標準的文化，更願意接受領導者的養成觀念。

具備領導文化的組織都很強調學習，也會有系統地提供各種學習機會。全球性顧問公司怡安翰威特（Aon Hweitt）發現，對領導者來說，最頂尖的公司百分之百在「組織上下的人才培育上都具有良好的聲譽」，相形之下，其餘公司只有百分之六十六。[7]蓋洛普組織曾針對素質一流的求職者最感興趣的因素進行研究調查，發現一流人才「喜歡有學習和成長機會的工作職務，心目中的理想工作都具有專業發展或成長機會這類特色。」[8]領導文化深厚的組織，會為他們的人員提供許多正式或非正式的培育機會，譬如實體課程、線上學習、外部研討會，以及各種指導和輔導。工作任務的輪調或者特殊專案計畫，也是挑戰他們自我開發的方法之一。這種組織很鼓勵有計畫性的意見回饋，對於學習這種事也會予以肯定和獎勵，所以大家都很願意參與。

學習也需要冒點風險 —— 因為你得做你從沒做過的事，挑戰自己，接下新的任務，處理自身的弱點，走出舒適圈。在能培養模範領導者的文化裡，不僅能容忍你去冒險，也會支持和鼓勵你去大膽實驗。在嘗試新的行為時，不可能第一次就做對。你會常搞砸。但如果你想探索未知領域，便得鼓起勇氣。你必須知道有人願意支持你踏出那一步。若得知有人會在你跌倒時拉你一把，冒險對你來說就不再是件難事。

　　鼓勵創新的組織也會給你時間去從事正職以外的專案計畫，以便提升工作能力。這樣的環境有助於培養好奇心，而這是打破框架思維的前提條件。加州大學戴維斯分校（the University of California, Davis）的神經科學中心最近所做的研究透露出，好奇心會讓大腦做好學習的準備，包括人們平常可能認為有點無聊或難以吸收的資訊。除此之外，好奇心也會讓學習變成一種令人滿意的經驗，因為它會刺激大腦裡跟獎勵和樂趣有關的迴路。[9]

　　最後需要的是模範領導的榜樣。你必須要能夠看見正在被施展的模範領導行為，才能學習和仿效。你必須看見組織裡的人對模範領導的親身示範，也看見組織上下都很支持領導力的開發。你必須親聞對於所信仰的價值觀完成奉行的領導者的成功故事及其報酬。你也必須看見有人因為行動不符所信仰的價值觀而負起完全責任。你更必須聽到和看見各階層的領導者的親身示範。從第一線組長到資深主管，從顧客到獨立貢獻者，每個人都被認定有能力領導，也鼓勵他們領導。

　　雖然其他因素也有助於領導文化，但這四點是最鮮明的。如果你剛好有幸身處在這樣的組織裡，你就有了一個好的開始。若是剛巧沒有，也別失望，因為還有幾個方法可以幫你自我施肥，讓那株植物（也就是你）茁壯長大。

幫自己蓋 BUENA CASA

　　成衣製造商 Spanx 的執行長珍・辛格（Jan Singer）在被到問想

給社會新鮮人什麼建議時，她的回答是：「絕對不要停止學習。全都搞懂，你就死定了。你必須敞開心胸，你必須傾聽和學習。學校裡的學習課程可能已經讓你累斃了，但你一定要找到恢復活力的方法，繼續學下去。」[10]

你也許運氣沒那麼好，不是在一家很強調領導文化的組織裡工作，也不是在一個會提供正式領導培訓機會的地方任職。沒關係，因為哪怕如此，也無法改變最優秀的領導者就是擅長不斷自我精進的事實。在很多時候，你必須自己去創造屬於你的 *buena casa*——無論身在何處，都可以陶冶出領導文化。

怎麼做呢？利用領導文化的特徵來作為指南，逐步建立起你要的環境背景。比如說，周遭哪些人是你可以信任的？他們可以做哪些事情來支持你的領導力開發之旅？你可以對誰敞開心胸，開誠布公地討論你在領導力方面的強項以及有待改進的地方？誰具備的專業技術是你很想學會的？你要如何汲取他們的經驗，甚或融入對方的網絡裡？哪些地方有機會讓你得到意見回饋，讓你了解你現有的領導技術程度如何？[11]

你要如何支持自己去冒險，甚至犯錯和走出自己的舒適圈？你可以考慮跨出小步距離，不要太大步 —— 或甚至一次一小步，若是要拓展自己，一次跨出一小步就行了。如果你知道誰很喜歡創新和冒險，可以多跟他們來往，了解他們是如何辦到以及你能做什麼（或者做什麼才可能成功）。你對學習越認真，提問的問題就越多。

除了反省自己的個人最佳領導經驗之外，也要想想你認識哪些最佳領導者？把他們找出來，請他們分享自己的學習經驗。他們是

如何學會領導？如何培養出特有的領導技巧？他們可以給你什麼忠告？更理想的做法是，問問他們願不願意協助你培養出同樣的能力？

關鍵在於，如果你想要一株植物長得好，就得幫它建 *buena casa*，讓它的幼苗在裡面扎根，以利日後的成長與茁壯。要成為一名成功的領導者，也必須為自己做同樣的事情。

✎ 重點訊息和行動

本章的重點訊息是：環境背景會影響你在領導力方面的成長與茁壯 —— 對你能否成功有很大的影響。關鍵在於找到一個充滿信任與尊重的環境，這個環境也必須提供學習的機會，願意在冒險或失敗的時候當你的後盾，還有可以看齊的榜樣可以為你示範模範領導。但有時候你還是得自己創造屬於你的領導文化。

自我訓練行動

　　找到一個像你一樣對學習很感興趣的人。也許你想專注在領導統御上，而他可能跟你一樣，也可能想學別的事情，但這都沒關係，只要你們兩個都有志於學習就行了。你們要成為彼此的責任夥伴（或學習夥伴）。

　　在你的領導日誌裡挑出其中一個你確定想學習的行為，告訴你的夥伴你想學的是什麼，為什麼它很重要。再確認未來三十天和九十天內你會明確採取的行動。然後在日曆上載明你會親自上場實作（這是最好的方式）、透過電話討教或者模擬進行的日期。你的責任夥伴唯一的工作就是問你：「你有做到你說你要做的事嗎？」然後你們從這裡開始出發。

第十九章
領導力的學習必須成為每天的習慣

　　我們很幸運，能跟史上第一位登上全球最高峰聖母峰的吉姆·惠特克（Jim Whittaker）一起開過兩三次研討會。吉姆也曾率領第一支由美國人組成的隊伍，登上全球第二高峰K2。而且他不只登山，也曾兩度擔任國際帆船比賽（International Yacht Race）的船長，從維多利亞港（Victoria）展開兩千四百英哩的長征前往毛伊島（Maui），更曾四度從華盛頓航行兩萬英哩，前往澳大利亞。此外，吉姆也是一位很有經驗的資深主管，在娛樂設備公司（Recreational Equipment Inc.，簡稱REI）待了二十五年，他是第一位全職員工，最後以總裁和執行長的身分退休。

　　在經歷了這麼多冒險之後，吉姆回頭反省他的人生哲學時提出了這樣的看法：「這跟追求刺激無關，重點在於充分利用每一分每一秒拓廣眼界，願意不斷學習，把自己置於一種學習是無限可能的處境下——有時候甚至事關存活，由於處於崩潰邊緣，只能不顧一切地去冒險，這個時候你才會學習成長，而且成長得最快。」[1]

　　吉姆說到重點了。優秀的領導者不是為了名利或刺激才去做現在在做的事；是為了學習和成長，也為了充分利用自己的所能去幫助別人，幫助社群及他們的組織。「願意不斷學習」正是本書討論

218 | learning leadership

的重點。它意謂你會充分利用手邊各種機會去學會領導，也意謂你會自我拓展，不畏懼眼前挑戰不斷學習，更意謂你會踏出自己的舒適圈，挑戰本領以外的事情。

要登峰造極成為優秀的領導者，第一步就是為自己的領導力負起開發的責任。誠如第十八章所言，如果每家組織都具備領導文化，你合作過的每位領導者都堪稱模範，那自然是最理想的。但是非常有可能你必須靠自己展開學習計畫。

把領導力的學習變成每天的習慣

曾是百特國際公司（Baxter International）董事長兼執行長，如今在西北大學凱洛管理學院（Northwestern University's Kellogg School of Management）擔任臨床教授的哈利・克雷默（Harry Kraemer），曾教會我們何謂認真對待學習。每一天工作和家庭活動終了之際，哈利會花十五到三十分鐘反省「在這一天當中，我做出了什麼影響，別人對我做出了什麼影響」。[2]他會反問自己一些問題——我曾說過會做什麼嗎？確實做到了嗎？哪些地方表現不錯？哪些地方表現不好？應該有什麼不一樣的做法？學到了哪些足以影響未來的經驗？諸如此類。哈利不是最近才開始這樣每天反省自己，他已經執行了三十五年，從不間斷。換言之，已經超過一萬兩千五百次。它成了哈利的習慣——一種絕佳的習慣。

哈利從他事業生涯早期的時候，就養成這項習慣，朝最佳領導者的目標前進。他說：「每一個人都可以成為最好的自己。我當過

一家市值相當一百二十億美元的全球醫療公司的財務長、執行長和總裁，在百特國際擔任高階主管前前後後加起來十一年。「現在我是私募股權投資公司Madison Dearborn Partners的執行合夥人，總部在芝加哥。雖然我很幸運地成功了，但我還是跟幾十年前在小辦公間剛任職分析師時一樣，矢志成為最好的自己。」[3]

你要掌控自己的學習，你要成為最好的自己，而有意義又重要的做法，就是把學習變成最佳領導者每天的習慣，就像哈利一樣。你的每日學習習慣不見得要跟他的一樣，但必須像他一樣規律。

路易斯‧霍斯（Lewis Howes）對於這種習慣略知一二。他以前是職業足球員，也是全美頂尖的雙項運動員，更是美國男子國家手球隊隊員。此外，他也是《偉大的學校》（The School of Greatness）的作者，更躋身前百大三十歲以下創業家排行榜。對於成為別人的模範和養成習慣兩者之間的關係，路易斯這麼看：「偉大不是天才專有的。偉大是遠見者堅持不懈、專注、相信和**充分準備**下的結果。它是一種習慣，不是與生俱來的。」[4]再重複一次：偉大是一種習慣，不是與生俱來的。路易斯繼續說道：「好的習慣是這樣：重點不在於你養成的是什麼習慣，只要對你有益、管用就行了。真正要緊的是，你要全力以赴，每天都做到。就像你想學會哈婆舞，便得勤奮練舞一樣，好習慣的養成，也是要靠平常的努力。」[5]被路易斯放進日常清單裡的習慣包括「每天早起，感恩又多活一天」以及「整理床鋪」。除此之外，還有「與教練和良師益友合作」、「不斷學習新資訊和新技能」。[6]這些看來不太像是什麼偉大的事，但在路易斯心目中卻很偉大。他認為想要在任何領域成

為箇中翹楚，就得參與會把你朝目標推進的例行活動。這些事本身都不難，難在每天確實執行。

當你決定學習領導力時，不需要把它放進你本來就已經忙不過來的行事曆裡。它不是你趁周末或一個月閉關一次時才要做的事情，也不是時機艱難時必須從行事曆裡放棄的東西。它就像你一天當中要做的其他要事一樣，是你會自動自發、本能去做的事。它跟你會例行檢查自己的電子郵件、傳簡訊給同事，或者主持一場會議一樣會定期發生。它是你認定個人要功成名就的一種必要條件。而且就像運動一樣，你必須每天執行才能達到健身目的，保持身材不走樣。

你的人生是習慣所造就的

《紐約時報》記者查爾斯·杜希格（Charles Duhigg）在《為什麼我們這樣生活，那樣工作？》（*The Power of Habit*）中提到，習慣的形成是三步驟循環下的結果。「首先會有個**線索**，也就是起因，告訴你的腦袋進入自動模式和使用哪一種習慣。接著會出現一種**常規**，可能是生理上、精神上或情緒上。最後會有**報酬**，協助你的腦袋釐清，為了你的未來著想，這個特別的報酬值不值得牢記在心。久而久之，這個循環——線索、常規、報酬；線索、常規、報酬——變得越來越自動化。」[7]根據查爾斯的說法，改變習慣的黃金定律是「你不能消滅一個壞習慣，你只能改變它。」[8]要怎麼改變呢？你還是利用同樣的線索和報酬，但是可以改變常規。你也

可以運用同樣的三步驟循環來建立目前仍不存在的新習慣。

對哈利・克雷默來說，線索就是一天終了之際的安靜時光，常規是花十五到三十分鐘反省幾個固定的問題，報酬是學習。日復一日地重複這個過程，就會凝聚成一種習慣。

了解這個過程對你的用處何在，這一點很重要，因為就像格蕾琴・魯賓（Gretchen Rubin）在她的著作《比以前更好》（Better Than Before）裡所指出：「習慣是我們日常生活裡的無形結構。我們每天幾乎有百分之四十的行為是重複的，所以我們的習慣造就出我們的存在，以及我們的未來。如果我們改變了習慣，就會改變人生。」[9]這是一個大膽的說法，但是千真萬確。比如說如果用散步這個新習慣來取代一碰到壓力就吃甜食的舊習慣，久而久之，這個簡單的動作就會讓你的身體更健康。又比如說，如果可以用主動傾聽取代打斷別人說話，長久下來，這種新的習慣就會讓你的領導成效獲得提升。再比方說遇到挑戰時如果能用正面的自我肯定來取代自我揶揄，這種新習慣將會改善你在領導力方面的學習成效。

可是這些所謂的**如果**都不是普通的如果。要接納新習慣和改變舊習慣並不容易。新年立下的新志向不到半數可以撐過六個月。對習慣形成略有研究的人都會告訴你，這世上沒有可以套用在所有人身上的單一方法。你必須幫自己找到對你來說很管用的線索、常規和報酬。最重要的一點是：學習領導力必須成為你日常生活裡不可或缺的一部分。它必須變成一種習慣。

研究人員已經發現到，要激發出人們的工作熱情，就得讓他們覺得這份有意義的工作可以讓他們每天進步，哪怕只有一點點也

行。[10]當人們看見某件獨具意義的事情頗有進展時，那陣子就會格外有勁、很有參與感、很開心，滿腦子都是新的點子和創意。如果能養成能自我評估每日進度的好習慣，將可激勵你從事更有意義的工作。

靠主動性問題來養成良好的習慣

企業主管教練兼作家馬歇爾・葛史密斯（Marshall Goldsmith）曾和八十幾位來自全球頂尖企業的執行長合作過，並曾與馬克・瑞特合著《練習改變》（*Triggers*）。他在書中寫道，每天請教**主動性問題**是很「神奇的行動」（magic move）。它很簡單，但很有威力，可以用來檢討自己在矢志努力成為優秀領導者的這條路上，每天做了多少。「這種反問自己的做法簡單、常遭到誤解，且少有人貫徹到底，但卻能改變一切。」[11]它是一種每天的習慣，但影響甚鉅，能讓你按部就班地堅持下去，成為最優秀的領導者。

在主動性提問裡，馬歇爾建議你先從「我有沒有盡全力……」這樣的問題開始，後面接的是你打算採取的行動。這種提問方式會提醒你在表現上必須訂定很高的標準。主動性問題是針對你做過的事情提出問題，相形之下，被動性問題請教的是靜態條件。比方說「你有清楚的目標嗎？」就是一個被動性問題，問的是現狀。但主動性的問題卻是「你有沒有盡全力為自己設定清楚的目標？」[12]

為了測試主動性問題的影響力，馬歇爾和西北大學的行銷學教授凱利・葛史密斯（Kelly Goldsmith）針對正在接受訓練課程的員

工展開對照研究，調查他們在工作和家裡的狀況。訓練課程為期十天，每天兩小時。研究人員會在每天終了之際，請教其中一組學員四個**被動性**問題：譬如「你今天過得開心嗎？」同時也連續十天，每天改拿四個**主動性**問題去請教另一組學員，譬如「你有盡全力讓自己過得開心嗎？」而在這為期兩週的研究一開始和結束的時候，研究人員也另外請教了沒上訓練課程的對照組四個問題，要求他們回答在「快樂、意義、建立正面人際關係和參與」這幾方面的感受程度。[13]

　　你可能已經預料到，十天後，對照組兩周前和兩周後給的答案差異並不太大。至於被請教被動性問題和主動性問題的兩組學員，雖然都顯示出正面的改善效果，但主動性問題的成效比被動性問題高出兩倍。這個研究證實有做後續追蹤動作比沒做要好，主動性問題比被動性問題的成效來得好。

　　領導者花很多時間試圖去改變組織和其他人。雖然改變是領導者的工作，但在執行過程中，領導者可能會忘了自己只能控制自己的行為。改變行為和建立新的技能都不容易，是很難的工作。這也是為什麼有必要把領導力的學習變成一種日常習慣。好的習慣可以幫你鋪出一條通往模範領導的康莊大道。不管你為自己選擇的是什麼樣的常規習慣 —— 每日反省也好、每日自我反問也好，或者是其他別種做法 —— 如果你真的很想成為最優秀的領導者，那麼每天都必須學習。

✍ 重點訊息和行動

　　本章的重點訊息是：最優秀的領導者知道他們必須不間斷地學習 —— 學習領導力是終生的功課。不管攀登過幾座高峰，他們都很清楚自己還是得每天跨出一步，每天都要有點進步 —— 一次反省一件事，一次反問自己一個問題，一次學會一個教訓。當這一切都做到了，你才能掌控自己的人生。你必須每天都學點新東西，每天都評估自己的進展，一定要養成習慣。

自我訓練行動

　　開始每天反問自己一些主動性問題。你可以在這裡仿效馬歇爾的做法，用五個問題來檢視自己在學習領導的基礎原則上做到什麼程度。

1. 我今天有盡全力對自身能力保持積極樂觀的態度嗎？
2. 對於未來各種令人雀躍的前景，我今天有盡全力去投入嗎？
3. 我今天有盡全力去自我挑戰和拓展嗎？
4. 我今天有盡全力去學習別人的經驗嗎？
5. 我今天有盡全力去練習新的領導技能嗎？

　　不管你對這些問題的答案是肯定還是否定，都請想清楚你答案的背後理由是什麼。假如答案是肯定的，請在你的領導日誌上記錄你做過什麼，才能繼續做那些你真的盡全力去做的事。如果答案是否定的，也請想想你可以開始做什麼，這樣從明天起，你的答案也可以變成肯定的。

　　請試著公式化屬於你自己的主動性問題：「我今天有盡全力⋯⋯」。針對你自己的學習需求來運用這個技巧。每天終了之際，在你的領導日誌上利用1（低）到10（高）的量表來評估自己的表現。重點不在於量表上的數

字，而在於你養成了每日反問自己的習慣。

可能的話，找一個你認識而且信任的人來當你的夥伴一起合作。告訴對方你正在培養一種新的習慣，需要他的協助。請對方每天打三到五分鐘的電話給你，問「你今天有盡全力……？」你可以用1到10的量表來自我評量，告訴對方你給自己打幾分以及理由是什麼。也許有工作職場上的人可以當你的合夥人，那麼你們就可以每天早上互相檢討五分鐘。如果每天打電話或每天討論不太可行，那就找智慧型手機當助理吧。利用手機來每天提醒自己，設定每天固定時間發送訊息給自己。當你接到訊息通知時，請停下手邊的事，回答你所設定的問題。重點是你必須每天力行，才能看見改變。這也是為什麼它被稱之為「習慣」。

全力以赴，做到最好

　　懂不懂領導力，得靠行動來證明，而所謂的行動不是只有決策的做成，更重要的是決策的落實。

　　要採取這些行動，最好的方法就是每天都做一點可以讓你在領導這條路上不斷進步的事情，最後積沙成塔，凝聚成巨大的動力。你必須能自主選擇行動，公開表明你的選擇，確保這個行動是沒有回頭路的。當你朝這個方向邁出步伐時，就等於開始建構你的承諾，全力以赴地讓自己做到最好，成為最優秀的領導者。

　　要在任何領域裡成為可供人看齊的模範，絕非易事。領導統御也不例外。要成就非常之事，得付出非常的努力。只要你願意付出代價，報酬將很可觀。若是你有志於模範領導，便得做好自我犧牲的準備，有時甚至得接受磨難。

要成為最優秀的領導者，就必須以正面樂觀的態度面對自己的未來，永遠懷抱希望。保持個人的高度活力和高亢的熱情是必要的。我們當然有方法可以讓你踏上領導者的養成之路，但你必須有**意願**，才能堅持下去。

在最後一章裡，我們會敦促你：

- 決定做什麼，就去做。
- 努力學習，逐步前進。
- 堅守承諾。
- 永遠懷抱希望。

第二十章

重點不在於如何開始，而在於如何結束

　　本書討論的五個基礎原則提供了一個架構去創造脈絡，讓你可以循著脈絡盡全力成為最優秀的領導者 —— 也就是一種可以不斷促進成長與發展的心態。

　　要做到最好，便得先**相信自己辦得到**，你有能力也有本領成為可供別人看齊的模範，你必須打從心底相信這一點，別去聽信任何人的其他說法。你必須**追求卓越**，需要有一套價值觀以及一個比現在處境更遠大的願景，需要想得遠一點。你必須**自我挑戰**，別執著於現有的表現，你得大膽實驗新的和不一樣的做事方法，你的成長契機是從現有本領的邊緣出發。你必須**爭取支持**，才能有所學習和成長。領導力的學習不是一件單靠自己就能辦到的事，你需要別人來幫你做到最好。最後你必須**審慎練習**，要表現出最好的自己，得靠練習，而練習需要花時間，所以你必須把學習變成每日的習慣。

　　把學習變成每日習慣，是你起步的所在，但不是這樣就夠了，因為重點不只在於如何開始，也在於如何結束。就像人生裡的任何事情一樣，要證明你在領導，而且領導得當，就得從你的行動來驗證，而且不只是第一天，也要貫徹到最後一天。

領導就是行動

一根木頭上有十二隻青蛙，七隻青蛙決定跳進池塘，請問木頭上還剩幾隻青蛙？

你的答案是什麼？七隻？五隻？十二隻？還是一隻都沒有？正確答案是十二隻。為什麼？因為這七隻青蛙只是**決定**要跳，但沒有真的跳。決定和行動之間存在著很大的差異。就像有句老話說：「知道而不去做，等於不知道。」這也是為什麼新年立下的新志向鮮少能堅持下去。你可以決定追求更健康的生活，決定減重，決定每天運動，決定追蹤記錄你的卡路里消耗量，但這跟你日復一日地做這幾件事是完全不同的。

領導力也一樣。學習領導和學習當領導者，跟施展領導力是不一樣的。決定要當模範領導者跟身為模範領導者也是完全不一樣的。領導是行動，你必須施展出領導行為才算是領導者。事實上，在我們的研究裡一再發現，要別人認為你是可信的，**就得做到你說你會做到的事**。[1]你必須兌現你的保證，你必須堅守承諾，不說大話。你的行動比你的言語有分量。

你必須把領導變成每日的習慣。你必須每天都做點事情，學到更多有關領導力的知識。你必須每天練習這些學到的知識。你必須跳進池塘裡，證明你懂得怎麼浮在水面上，久而久之，就能成為一名厲害的泳將。

如今在企業軟體解決方案公司GOAPPO擔任副總裁和首席宣

傳官的瑟吉・尼基福羅夫（Sergey Nikiforov），在深思熟慮過我們的提問「我是從哪裡起步讓自己成為更優秀的領導者」之後，告訴我們這問題「困擾了他好一陣子」。瑟吉以前以為他必須做偉大的事和有企圖心的事，才能證明他是領導者。可是後來別件事令他恍然大悟。

　　我發現我以前每天都有機會做一點小小的改變。我本來可以把某人指導得更好，我本來可以更用心地傾聽，我本來可以更積極樂觀地面對人們，我本來可以更常說「謝謝你」，我本來可以──這份清單寫都寫不完。
　　一開始，我有點被嚇到，怎麼會有這麼多機會可以讓我每天都施展優秀領導者該有的作為。而且把這些點子付諸實行後，我很驚喜因為我更認真且刻意地施展領導者的作為，進步就可以這麼大。

　　瑟吉發現到，要證明自己的領導力，不能靠偶一為之的變革性作為，而得靠每天的日積月累，積沙成塔。他在不自覺中透過行動讓人們在工作上有愉快的一天。這正是我們建議你在領導之旅中必須持續做的事情──每天找機會做出一點改變。

如何有愉快的一天

　　每個人都想在工作上有愉快的一天。研究人員和作者泰瑞莎・阿瑪比爾（Teresa Amabile）和史帝文・克雷默（Steven Kramer）發

現有個方法可以做到這一點。「如果有人在一天工作終了之際是開心又充滿活力的,那麼很有可能是因為工作有了進展。要是有人拖著腳步離開辦公室,表情放空,面無喜色,很有可能是因為遭遇挫折。」[2]舉例來說,他們發現到,在很順的日子裡,百分之七十六的時間工作都很有進展,在很不順的日子裡,工作有進展的時間可能只有百分之二十五。而在不順的日子裡,挫折時間會高達百分之六十七,但在很順的日子裡,挫折只占百分之十三的時間。所以要有很順的一天,訣竅就是每天在工作上都有些進展,以防患挫折的出現。前提是你的工作必須對你來說很重要,這樣工作上的任何進展都會顯得特別有意義。若是你不感興趣的工作,就算有什麼進展也不會提升你的動機、參與度或滿足感。

每天都要進步、都要有進展,可能不像你想得那麼容易。生活中難免會發生一些事情嚴重打斷你的工作流程 —— 譬如壞掉的熱水器、電腦當機、令人氣餒的評語、一個不喜歡與人合作的同事,或者一個不懂得賞識你的主管等等 —— 但千萬守住一個目標,那就是找方法讓每一天都能有一些重要的進展。

你要怎麼做到這一點?通常靠一些小事就能讓你有進步的感覺。重大的勝利感覺雖然很棒,但畢竟鮮少發生。好消息是,根據泰瑞莎和史帝文的說法,「哪怕是小贏也能大幅提振你的工作心情。在我們的研究裡,受訪者所指稱的進展,很多都只是小幅前進幾步而已,卻能引發極大的正面反應。」[3]成功之所以到手,是因為你像平常一樣往前跨出幾步。想一步登天時,反而可能遭遇挫折和失敗。

瑟吉也發現到這一點。他知道他可以每天「做一點改變」。你有機會藉由很多小事情來展現你的領導力。你可以靠一則故事來說明是什麼價值觀在導引你的決策和行動。你可以花幾分鐘的時間幫助人們了解他們在這整個大藍圖裡所扮演的角色。你可以針對某人的表現，提出建設性的意見回饋。你可以指導一位還在跟新任務纏鬥不休的員工。你可以公開肯定某人的行動為其他團隊成員樹立了最好的榜樣。

我們之所以在這本書裡提供自我訓練行動，原因之一就是要把領導力的學習分解成幾個自己可以處理的區塊。這是小贏策略或進展法則的一種運用。透過這樣的參與，你才能一點一滴地進步，朝模範領導者的目標前進。這些行動本身看似微不足道，卻有積沙成塔的正面效果。

堅守承諾

若是你在某件對你來說很重要的事情上取得進展，就會受到鼓舞，願意採取其他行動來取得更多進展。於是你接下來的每一步將越走越輕鬆。展開行動就是履行你的承諾，不再坐在木頭上，而是跳進池塘裡。每一次的行動出擊，都是在進一步地履行你所做的承諾——你在水裡會變得越來越自在和自信。要守住承諾，便得做到以下三件事情：

1. **自主做出明智的選擇**：如果你和另一個人一起坐在一張桌子

前，心裡想著從一頂帽子裡抽出某個號碼的機率是多少，這時你一定會認為自己抽號碼的勝算機率比較大 —— 哪怕在統計學上來說，機率是一樣的。人們都相信如果是由他們自主選擇，勝算機會一定大過於由別人來選擇。[4]這也是為什麼自主做出明智的選擇是做出承諾的第一步。

領導力是一種選擇。要不要當領導者是你自己選擇的。你的人生也有其他選擇要你做決定。可是當你做出選擇時，就得為它負起責任。基本上，你會說出類似這樣的話：「這是我的選擇，沒有人逼我。我有很多選擇，但我能確實感受到其中一個比另一個更適當。說到底，這個決定或行動的結果將由我自己承擔，沒有別人或其他因素可怪。」

但重要的是，在選擇的過程裡，你必須確定自己很仔細地檢視過眼前各種選擇。若自覺是被迫擔任領導角色，這場自主選擇的考驗就沒有意義了 —— 也別想指望許下什麼承諾。所以請好好考慮你眼前的選擇，想清楚利與弊，在決定投入之前，先確實了解牽涉的範圍。

因此，第一個問題是「要成為模範領導者，是我自主做出的選擇嗎？」

2. **你所做出的選擇得讓別人看得到**：一旦你做出選擇，決定投身領導，就得進一步告訴別人你決定做什麼。因為只有讓別人看到你的選擇時，你才比較可能履行承諾。向別人公開宣布你的選擇，以及讓別人看見你的後續行動，等於是提供了具體又無可否認的證據來證明你正矢志朝這個目標前進，此

外也代表你將成為別人檢討和觀察的對象。像戒酒匿名會
（Alcoholics Anonymous）、減肥守望會（Weight Watchers）
這類行為改變課程裡的學員感言，其目的就是要在別人面前
公開自己的努力成果。畢竟公開承認自己一天下來或幾年來
都滴酒不沾，或者在眾目睽睽下站上體重計，絕對比信誓旦
旦下禮拜會做得更好來得更有效果。

這種引人注目的方法，會讓當事者幾乎無法否認自己曾做
過的選擇，也無法自圓其說自己忘了這回事。我們已經不
只一次地建議你找個同僚、夥伴或教練合作。因為有人一起
合作會比你自己嘗試更可能貫徹到底。比如說，你在當地的
健身中心找私人教練的原因，不光是因為他們會安排運動項
目，這部分當然也是很管用，另一個原因是（哪怕在比重上
不算是更重要的原因，但也相差無幾），如果你有一個私人
教練，你就比較可能固定去健身房運動。

展現領導者的行為是一種公開的作為。所以不太可能只有自
己知道。你要跨出一大步，向大家公開宣稱你會盡全力成為
最優秀的領導者。

所以第二個問題是：「我要如何讓大家看到我已經決定成為
模範領導者？」

3. **讓你的選擇沒有回頭路**：若是你對某個選擇做出承諾固然有
必要讓大家看見你的決定是什麼，但光這樣還不夠，最好這
個選擇也必須是難以改變或收回的。難以改變的選擇會讓你
更嚴正看待自己的決定和後續作業。容易撤回的選擇往往令

人掉以輕心,沒有回頭路的行動才會被認真對待。

先試想以下這個例子。假設你已經考慮很久,想搬到鄉下去。你不斷告訴朋友和家人你受夠了城裡的擁擠、髒空氣和交通,你打算搬家。你以前就會定期到鄉下度假一兩周,但從來沒有真的搬到鄉下,然後有一天你決定要住在鄉下。請問以下哪個選擇比較難反悔:(a)在鄉下租個房子?或者(b)在鄉下買棟房子?如果是領導者,就會找方法去「擁有」決策,而非「租用」決策。所以用比喻的方式來說,就是把你城裡的房子賣掉,到鄉下買棟屋子。找到方法做出往前推進的選擇,而這選擇必須難以撤回,也難以回到最初的起點。

第三個反問自己的問題是:「我要怎麼做,才能讓成為模範領導者的這個決定難以撤回?」

永遠懷抱希望

要成為模範領導者,得需要你的行為承諾。這種行為不是你高興時偶一為之的行為。你周遭的人都寄望你**每天**都能全力成為最優秀的領導者。他們也寄望(你也應該如此寄望自己)你在矢志擔起領導責任時,也會矢志將領導者這個角色做到最好。

不管怎麼說,這都不是容易的工作。領導統御是困難的,它具有挑戰性。有時候你會遭到磨難,會遇到衝突和掙扎,會有人不喜歡你做的事,不時挖苦你、批評你。當你改革時,可能會有人抗

拒，你難免想要放棄。領導統御雖然有它的報酬在，但也令人精疲力竭。這就是領導的現實面。你若無心做任何努力，再多指導也是枉然。

這也是為什麼你一定要永遠懷抱希望。研究調查明白地告訴我們，人們都希望他們的領導者懂得鼓舞人心、個性積極向上、充滿活力。沒有人喜歡跟一個思想灰色、悲觀、無精打采的人做事。如果你是這樣的人，你也不想跟自己打交道吧。何必要跟這樣的人打交道呢？儘管周遭充滿負能量、充滿冷嘲熱諷、充滿各種掙扎，你還是得懷抱希望──相信自己能克服眼前挑戰，相信你能繼續學習和成長，也相信事情會越來越順。

希望這種東西不是「事在人為」這麼簡單。這句古老的諺語只說對了一半，這是心理學家兼研究人員查爾斯・史奈德（Charles Snyder，或稱李克〔Rick〕）說的。他發現到，希望這種東西「是你為了達成目標而在精神上所凝聚的意志能力（willpower）和路徑能力（waypower）。」[5]這個定義強調了希望裡頭的三個基本元素。第一，你必須有一個目標──一個你很想獲得的東西。再者你必須有意志能力，它就像一個「裝滿決心的儲存槽」。第三，你要有路徑能力，也就是「腦袋裡的計畫或地圖，它會引導著你的希望念頭」，不管你將面對什麼阻礙，都會幫助你達成目標。這個觀點也引出了幾個你必須反問自己的問題：你很清楚身為領導者的你想獲得什麼東西？當你朝自己的目標前進時，你有足夠的能量撐下去嗎？你有一套行動計畫來達成目標嗎？要想懷抱希望，這三個問題的答案都必須是肯定的。

　　常懷抱希望的人並非過度樂觀,他們不是看不見眼前的現實面。如果有什麼事情不管用,或者現有的方法沒有效,他們不會視而不見,只是私下求神拜佛,或者更埋頭苦幹而已。他們會評估狀況,找新的方法去達成目標。如果這些目標沒有越來越近,反而越離越遠,這些總是懷抱希望的人便會重新設定目標。[6]還有一件很重要的事情你必須知道,那就是希望不是那種要嘛你有、要嘛你沒有的東西。誠如李克所解釋的:「希望是針對自身與目標之間的關係所進行的思考方式,這種思考方式是透過後天學習的。」[7]就像你可以學會領導一樣,你也要透過學習來讓自己變成一個時常懷抱希望的人。

✍ 重點訊息

本章的重點訊息是：要盡全力成為最優秀的領導者，需要一種可以促進你不斷成長的心態——建立在模範領導的五大實務要領上的心態。你不能只是決定你要領導，你也必須展開行動。做法是漸進的，先每天踏出一小步，做出有意義的進展。而且你必須自主選擇你的行動，公開這些行動，讓它們沒有回頭路，你才會全力以赴。這過程並不容易，需要不斷努力，常懷抱希望才能繼續走下去。

我們有信心你可以成為比現在的你還要優秀的領導者。使用這些技巧來成就非常之事時，也等於為你所帶領的人點燃更多希望。你的街坊鄰居、組織和社群，以及整個世界都需要這個希望的真實存在。

註解

引言：這世界需要模範領導者

1. 千禧世代的確實年代範圍始終眾說紛紜。我們使用的是美國皮尤研究中心（Pew Research Center）所提供的年代範圍，他們在這個議題上已經做過廣泛研究。請參考 Richard Fry, "This Year, Millennials Will Overtake Baby Boomers," Pew Research Center, January 16, 2015, www.pewresearch.org/fact-tank/2015/01/16/this-year-millennials-will-overtake-baby-boomers.

2. Right Management, "Talent Management Challenges in an Era of Uncertainty," June6, 2013, http://www.brighttalk.com/webcast/7991/72973/talent-mangement-challenges-in-era-of-uncertainty.

3. Shiza Shahid, "Outlook on the Global Agenga 2015: 3. Lack of Leadership," World Economic Forum, 2015（存取日期 2016 年 1 月 5 日） http://reports/weforum.org/outlook-global-agenda-2015/top-10-trends-of-2015/3-lack-of-leadership/ 這種不安平均分布在全球各地：亞洲有百分之八十三，歐洲百分之八十五，拉丁美洲百分之八十四，中東和北非百分之八十五，北美百分之九十二，撒哈拉以南的非洲百分之九十二。

4. Josh Bersin, Dimple Agarwall, Bill Pelster, and Jeff Schwartz, eds., *Global Human Capital Trends 2015: Leading in the New World of Wrok*（Westlake, TX: Deloitte University Press, 2015), 17, www2.deloitte.com/content/dam/Deloitte/at/Documents/human-capital/hc-trends-2015.

pdf.

5. Executive Development Associates, *Trends in Executive Development 2014* (Oklahoma City, OK: Executive Development Associates and Pearson, 2014), 14, www.executivedevelopment.com/online-solutions/product/trends-in-executive-development-2014.

6. Jack Zenger, "We Wait Too Long to Train Our Leaders," *Harvard Business Review,* December 17, 2012, https://hbr.org/2012/12/why-do-we-wait-so-long-to-trai%20wsletter_leadership&utm_medium=email&utm_campaign=leaderhip010813.

7. Edelman, "Trust around the World," 2015（存取日期2015年7月19日）www.edelman.com/2015-edelman-trust-barometer/trust-around-world. 另請參考 Edelman, 2015 *Edelman Trust Barometer Executive Summary* （Eldelman, 2015）, www.edelman.com/insights/intellectual-property/2015-edelman-trust-barometer/trust-and-innovation-edelman-trust-barometer/executive-summary.

8. 除非另有說明，否則所有個人語錄都取自於個人訪談或者與本書作者的往來信件。

9. Universum, "Millennials: Understanding a Misunderstood Generatoin," 2015, http://universumglobal.com/millennials.

第一章：領導者是天生的，你也是天生的領導者

1. 舉例而言，請參考 Geoff Colvin, *Talent Is Overrated: What Really Separates World-Class Performers from Everybody Else* (New York: Penguin Group, 2010)； 和 Daniel Coyle, *The Talent Code: Greatness Isn't Born. It's Grown. Here's How* (New York: Bantam Dell, 2009)。

2. K. Anders Ericsson, ed., *The Road to Excellence: The Acquisition of Expert Performance in the Arts and Sciences, Sports, and Games* (Mahwah, NJ: Lawrence Erlbaum Associates, 1996); and K. Anders Ericsson, ed., *Development of Professional Expertise: Toward*

Measurement of Expert Performance and Design of Optimal Learning (New York: Cambridge University Press, 2009).

3. Heidi Grant Halvorson, *Succeed: How We Can Reach Our Goals,* reprint ed. (New York: Penguin Group, 2011).

4. 欲知我們針對最佳個人經驗所做的相關研究，以及從這些例子裡所取得的模範領導實務例子，請參考 James M. Kouzes and Barry Z. Posner, *The Leadership Challenge: How to Make Extraordinary Things Happen in Organizations,* 5th ed. (San Francisco: The Leadership Challenge, A Wiley Brand, 2012)

5. *Merriam-Webster Unabridged online,* s.v. "lead," n.d., accessed June 7, 2015, http://unabridged.merriam-webster.com.

6. K. Anders Ericsson, "The Influence of Experience and Deliberate Practice on the Development of Superior Expert Performance," in *The Cambridge Handbook of Expertise and Expert Performance,* ed. K. Anders Ericsson, Neil Charness, Paul J. Feltovich, and Robert R. Hoffman (New York: Cambridge University Press, 2006), 699.

7. Nancy J. Adler, "Want to Be an Outstanding Leader? Keep a Journal," *Harvard Business Review,* January 13, 2016, http://hbr.org/2016/01/want-to-be-an-outstanding-leader-keep-a-journal.

8. 研究人員已經證明，若要求受訪者寫短文說明自己成功完成某任務的原因何在，那麼在面對後續任務的失敗時，就會多出兩倍的可能願意再堅持下去。請參考 Peter V. Zunick, Russel H. Fazio, and Michael W. Vasey, "Directed Abstraction: Encouraging Broad, Personal Generalizations Following a Success Experience," *Journal of Personality and Social Psychology* 109, no. 1 (2015): 1-19

第二章：有領導力才能發揮影響力

1. 這句話的出處來自於彼得・杜拉克，但我們遍尋不到它的文獻來源。

2. James Harter and Amy Adkins, "What Great Managers Do to Engage Employees," *Harvard Business Review,* April 2, 2015, http://hbr.org/2015/04/what-great-managers-do-to-engage-employees.

3. 我們會綜合這十種回應說法來衡量一個人對工作的投入度：（1）我的工作團隊很有團隊合作精神；（2）我會很驕傲地告訴別人，我在幫這家組織工作；（3）我會為了組織的成功全力以赴；（4）我會更努力地工作，若是有需要，我也可以加班；（5）在工作上，我的工作效率很高；（6）我很清楚公司對我在工作上有什麼期許；（7）我覺得我的組織很重視我的工作；（8）我會確實配合工作上的需求；（9）在我工作的地方，大家似乎都很信任管理階層；（10）我覺得我在這家組織裡有影響力。我們使用的是一到五分的反應量表。

4. 欲知這方面的更多詳情，請參考 Barry G. Posner, *Bringing the Rigor of Research to the Art of Leadership: Evidence Behind The Five Practices of Exemplary Leadership and the LPI: Leadership Practices Inventory* (San Francisco: The Leadership Challenge, A Wiley Brand, 2015), www.leadershipchallenge.com/Research-sectoin-Our-Authors-Research-Detail/bringing-the-rigor-of-reseach-to-the-art-of-leadership.aspx 。有些研究宣稱，在員工投入度的評分上，經理這個變數占了百分之七十。毫無疑問的，部分原因在於投入度的衡量方法或有差異。但還是不能否認你的領導者 / 經理的行為方法會實質影響你對工作職場的感受，以及你對這份工作所付出的心力。

5. 比如說，請參考 Jonathan Mozingo Wallace, "The Relationship of Leadership Behaviors with Follower Performance: A Study of Alternative Schools" (PhD diss., Regent University, August, 22, 2006)。

6. Gregory G. Mader, "Stepping Up to the Plate: Leaderhip Behavior in Baseball" (Master's thesis, Concordia University, January 2009), 59.

7. Barry Z. Posner, "An Investigation into the Leadership Practices of Volunteer Leaders," *Leadership & Organization Development Journal*

36, no. 7 (2015): 885-898.

8. Barry Z. Posner, "It's How Leaders Behave That Matters, Not Where They Are From," *Leadership & Organization Development Journal* 34, no. 6 (2013): 573-587.

9. Arran Caza and Barry Z. Posner, "Good Leadership Is Universal: Evidence of Global Similarity in the Sources of Followers' Satisfaction with Leaders" (paper presented at the annual meeting of the Western Academy of Management, Kauai, Hawaii, March 2015).

第三章：你已經出現領導行為，只是出現的頻率還不夠多

1. Kouzes James M., and Barry Z. Posner, *The Leadership Challenge: How to Make Extraordinary Things Happen,* 5th ed. (San Francisco: The Leadership Challenge, A Wiley Brand, 2012)

2.. 欲知這些研究調查的更多詳請，請上我們的網站：www. theleadershipchallenge.com/research，網站上有超過七百篇以上的研究摘要。

3. 《模範領導》（*The Leadership Challenge*）對這套領導統御的架構提供了完整的說明，包括它的研擬過程、各種實證結果，以及無數的例證和建言，教人們如何實踐五大實務要領，對正走在這條最佳領導者養成之路上的你來說，很值得接在這本書之後讀下去。

4. Kouzes, James M., and Barry Z. Posner, *The Leadership Practices Inventory,* 4th ed. (San Francisco: The Leadership Challenge, A Wiley Brand, 2012).

5. Barry Z. Posner, *Bringing the Rigor of Research to the Art of Leadership: Evidence Behind The Five Practices of Exemplary Leadership and the LPI: Leadership Practices Inventory* (San Francisco: The Leadership Challenge, A Wiley brand, 2015), http://www.leadershipchallenge.com/Research-section-Our-Authors-Research-Detail/bringing-the-rigor-of-research-to-the-art-of-leadership.aspx.

6. Janet Houser, "A Model for Developing the Context of Nursing Care Delivery." *Journey of Nursing Administration* 33, no. 1 (2003): 39-47.

7. Sean Niles Donnelly, "The Roles of Principal Leadership Behaviors and Organizational Routines in Montana's Distinguished Title I Schools" (EdD idss., Montana State University, April, 2012).

8. William F. Maloney, "Project Site Leadership Role in Improving Construction Safety" (unpublished researched report, Center for Polytechnic Institute and State University, March 2010).

9. William H. Burton, "Examining the Relationship between Leadership Behaviors of Senior Pastors and Church Growth" (PhD diss., Northcentral University, January 2010).

10. Yueh-Ti Chen, "Relationships among Emotional Intelligence, Cultural Intelligence, Job Performance, and Leader Effectiveness: A Study of Country Extension Directors in Ohio" (PhD diss., The Ohio State University, October 2013).

11. Mary H. Sylvester, "Transformational Leadership Behavior of Frontline Sales Professional: An Investigation of the Impact of Resilience and Key Demographics" (PhD diss., Capella University, November 2009).

12. JP van der Westhuizen and Andrea Garnett, "The Correlation of Leadership Practices of First and Second Generation Family Business Owners to Business Performance," *Mediterranean Journal of Social Sciences* 5, no 21 (2014): 27-38.

13. Virginia S. Blair, "Clinical Executive Leadership Behaviors and the Hospital Quality Initiative: Impact on Acute Care Hospitals" (PhD diss., University of Phoenix, November 2008).

14. James M. Kouzes and Barry Z. Posner, *The Truth About Leadership: The No-Fads, Heart-of-the-Matter Facts You Need to Know* (San Francisco: Jossey-Bass, 2010).

第四章：你必須相信自己

1. 這是我們的同事 Bob Vanourek 跟我們分享的故事。這些故事也被放進他的著作 *Leaderships Wisdom: Lessons from Poetry, Prose, and Curious Verse* (Melbourne, FL: Motivational Press, 2016)。

2. 吉姆・特威迪也繪製了狗和其他動物的自畫像。請上 www. jimtweedy.com 網站觀看這些自畫像的圖片（存取日期：2015 年 7 月 11 日）。

3. 珍・布雷克是假名。但這個故事是真人真事，所引述的話都是取自於與當事者的訪談內容。

4. Michael Hyatt, with Stu McLaren, "Seaon 4, Episode 12: What if the Barriers Were Only in Your Head? Defeating Limiting Beliefs in the 3 Major Areas of Life," video, 36:50, July 22, 2015, http://michaelhyatt. com/season-4-episode-12-what-if-the-barriers-were-only-in-your-head-podcast.html.

5. Albert Bandura, *Self-Efficacy: The Exercise of Control* (New York: W. H. Freeman, 1997).

6. Robert Wood and Albert Bandura, "Impact of Conceptions of Ability on Self-Regulatory Mechanisms and Complex Decision Making," *Journal of Personality and Social Psychology* 56, no. 3 (1989): 407-415.

7. Albert Bandura and Robert Wood, "Effect of Perceived Controllability and Performance Standards on Self-Regulation of Complex Decision Making," *Journal of Personality and Social Psychology* 56, no. 5 (1989): 805-814.

第五章：最重要的技巧在於學習

1. Danniel T. Willingham, *Why Don't Students Like School? A Cognitive Scientist Answers Questions About How the Mind Works and What It Means for the Classrom*（San Francisco: Jossey-Bass, 2009).

2. Lillas M. Brown and Barry Z. Posner, "Exploring the Relationship Between Learning and Leadership," *Leadership & Organization Development Journal* 22, no. 6 (2001): 274-280. See also Barry Z. Posner, "Understanding the Learning Tactics of College Students and Their Relationship to Leadership," *Leadership & Organization Development Journal 30*, no. 4 (2009): 386-395.

3. David H. Maister, "How's Your Asset?" http://davidmasiter.com/articles/hows-your-asset.

4. 欲知更多有關我們的領導力開發課程，可以上我們的網站查詢：www.leadershipchallenge.com/home.aspx

5. Barry Z. Posner, "A Longitudinal Study Examining Changes in Students' Leadership Behavior," *Journal of College Student Development* 50, no. 5 (2009): 551-563.

6. Carol S. Dweck, *Mindset: The New Psychology of Success* (New York: Random House, 2006)。另外，Dweck 曾在別地方寫過，關於成長心態，有三種常見的誤解：我已經有了它，也一直都會擁有它；成長心態就是要表揚和獎勵各種努力；只要支持成長心態，好事就會上門。請參考 Carol S. Dweck, "What Having a 'Growth Mindset' Actually Means," *Harvard Business Review,* January 13, 2016, http://hbr.org/2016/01/what-having-a-growth-mindset-actually-means.

7. Dweck, *Mindset,* 6.

8. Albert Bandura and Robert Wood, "Effects of Perceived Controllability and Performance Standards on Self-Regulation of Complex Decision Making," *Journal of Personality and Social Psychology* 56, no. 5 (1989): 805-814.

9. 欲知在這些領域和其他領域上眾多研究調查結果的討論內容，請參考 Dweck, *Mindset*。

10. *Harvard Business Review* staff, "'Talent: How Companies Can Profit from a 'Growth Mindset,'" *Harvard Business Review,* November 2014,

http://hbr.org/2014/11/how-companies-can-profit-from-a-growth-mindset.

11. Dweck, *Mindset*, 6. 強調處同原文。

12. Peter A. Heslin, Don Vandwalle, and Gary P. Latham, "Keen to Help? Managers' Implicit Person Theories and Their Subsequent Employee Coaching," *Personnel Psychology* 59, no. 4 (2006): 871-902. See also Francesca Gino and Bradley Staats, "Why Organizations Don't Learn," *Harvard Business Review,* November 2015, https://hbr.org/2015/11/why-organizations-dont-learn.

第六章：領導力是由內形成

1. Anne Lamott, *Bird by Bird: Some Instructions on Writing and Life* (New York: Pantheon, 199-200).

第七章：你必須知道什麼對你而言是重要的

1. Barry Z. Posner, "Another Look at the Impact of Personal and Organizational Values Congruency," *Journal of Business Ethics 97,* no. 4 (2010): 535-541.

2. Brian S. Hall, *Values Shift: A Guide to Personal and Organizational Transformation* (Eugene, OR: Wipf & Stock, 2006).

3. Posner, "Another Look"; Barry Z. Posner and Robert I. Westwood, "A Cross-Cultural Investigation of the Shared Values Relationship," *International Journal of Value-Based Management* 11, no. 4 (1995): 1-10; Barry Z. Posner and Warren H. Schmidt, "Demographic Characteristics and Shared Values," *International Journal of Value-Based Management* 5, no. 1 (1992): 77-87; Barry Z. Posner and Warren H. Schmidt, "Values Congruence and Differences Between the Interplay of Personal and Organizational Value Systems," *Journal of Business Ethics* 12, no. 5 (1992): 341-347; Barry Z. Posner, "Individual Characteristics

and Shared Values: It Makes No Nevermind" (paper presented at the Academy of Management, Western Division, Salt Lake City, March 1990); and Barry Z. Posner, James M. Kouzes, and Warren H. Schmidt, "Shared Values Make a Difference: An Empirical Test of Corporate Culture," *Human Resource Management* 24, no 3 (1985): 293-310.

4. Amy Wrzesniewski, Barry Schwartz, Xiangyu Cong, Michael Kane, Audrey Omar, and Thomas Kolditz, "Multiple Types of Motives Don't Multiply the Motivation of West Point Cadets," *Proceedings of the National Academy of Sciences* 111, no. 30 (2014): 10990-10995, doi:10.1073/pnas.140529111.

5. Thomas Kolditz, "Why You Lead Determines How Well You Lead," *Harvard Business Review Blog,* July 2014, https://hbr.org/2014/07/why-you-lead-determines-how-well-you-lead.

第八章：現在的你不代表未來的你

1. 這個探究出來的結論與 Marshall Goldsmith 與 Mark Reiter 的合著不謀而合，W *hat Got You Here Won't Get You There: How Successful People Become Even More Successful* (New York: Hyperion, 2007)。

2. James M. Kouzes and Barry Z. Posner, 2011 *Credibility: How Leaders Gain and Lose It, Why People Demand It,* 2nd ed. (San Francisco: Jossey-Bass, 2011).

3. 另請參考 Susie Cranston and Scott Keller, "Increasing the 'Meaning Quotient' of Work," *Mckinsey Quarterly,* January 2013.

4. 這兩種領導行為都關係到共同願景的啟發。而在《領導統御實務要領目錄》裡被評量的三十種領導行為當中，它們被投入的頻率通常最少。

5. 欲知跟領導統御裡的理想自我有關的其他討論內容，請參考 Richard E. and Kleio AKrivou, "The Ideal Self as the Driver of Intentional Change," *Journal of Management Development* 25, no. 7 (2006): 624-642.

第九章：這不只關係到你

1. 我們是這樣定義領導力的：領導力是鼓動他人，讓他們想去為共同的抱負努力奮鬥。James M. Kouzes and Barry Z. Posner, *The Leadership Challenge: How to Make Extraordinary Things Happen,* 5th ed. (San Francisco: The Leadership Challenge, A Wiley Brand, 2012)。

2. 請參考 V. I. Sessa and J. J. Taylor, *Executive Selection: Strategies for Success* (San Francisco: Jossey-Bass, 2000)。另 請 參 考 Daniel Goleman, *Emotional Intelligence: Why It Can Be More Than IQ,* 10th Anniversary ed. (New York: Bantam Dell, 2006); Claudio Fernandez-Araoz, "The Challenge of Hiring Senior Executives," in Cary Cherniss and Daniel Goleman, eds. *The Emotional Intelligent Workplace (Advances in Emotional Intelligence): How to Select for, Measure, and Improve Emotional Intelligence in Individuals, Groups, and Organizations* (San Francisco: Jossey-Bass, 2001), 189; and Morgan W. McCall and Michael M. Lombardo, *Off the Track: Why and How Successful Executives Get Derailed* (Greensboro, NC: Center for Creative Leadership, 1983)。

3. 你可以上 Youtube：https://www.youtube.com/watch?v=3vDWWy4CMhE 觀看馬丁路德牧師在林肯紀念堂發表的〈我有一個夢〉演說內容。該演說的印刷版由 Coretta S. King 負責編輯。*The Words of Martin Luther King, Jr.* (New York: Newmarket Press, 1984), 95-98.

4. Universum, "Millennials: Understanding a Misunderstood Generation," 2015, http://universumglobal.com/millennials.

5. Tony Schwartz and Christine Porath, "Why You Hate Work," *New York Times,* May 30, 2014, www.nytimes.com/2014/06/01/opinion/sunday/why-you-hate-work.html?_r=2.

6. David S. Yeager, Marlone D. Henderson, David Paunesku, Gregory G. Walton, Sidney D'Mello, Brian J. Spitzer, and Angela Lee Duckworth, "Boring but Important: A Self-Transcendent Purpose for Learning

Fosters Academic Self-Regulation," *Journal of Personality and Social Psychology* 107, no. 4 (2014): 559-580.

7. Amy Wrzesniewski, Clark McCauey, Paul Rozin, and Barry Schwartz, "Jobs, Careers, and Callings: People's Relations to Their Work," *Journal of Research in Personality* 31, no. 1 (1997): 21-33.

第十章：挑戰就是你的領導力教練場

1. 欲探討這條真理和其他的說法，請參考James M. Kouzes and Barry Z. Posner, *The Truth About Leadership: The No-Fads, Heart-of-the-Matter Facts You Need to Know*（San Francisco: Jossey-Bass, 2010）。

2. Patricia Sellers, "What Happens When the World's Most Powerful Women Get Together," *Fortune,* November 1, 2015, 26.

3. Mihaly Csikszentmihalyi, *Flow: The Psychology of Optimal Experience* (New York: Harper and Row, 1990), 3.

4. 這是兩個被含括在《領導統御實務要領目錄》裡的問題。

5. Carnegie Mellon University, "Randy Pausch Last Lecture: Achieving Your Childhood Dreams," YouTube video, 1:16:26, September 18, 2007, https://www.youtube.com/watch?v=ji5_MqicxSo. 另 請 參 考 Randy Pausch, with Jeffrey Zaslow, *The Last Lecture* (New York: Hyperion, 2008).

6. Warren, Bennis, *On Becoming a Leader,* 4th ed. (New York: Hyperion, 2008).

7. Executive Development Associates, *EDA Trends in Executive Development 2014: A Benchmark Report* (Oklahoma City, OK: Executive Development Associates and Pearson, 2014), www. executivedevelopment.com/online-solutions/product/trends-in-executive-development-2014/.

8. Sam Davis, "The State of Global Leadership Development," *Training,* July/August 2015, 30-33, www.trainingmag.com/sites/default/files//030_

trg0715AMA3.pdf.

9. 當人們看到別人的成就時，通常只會強調結果，卻不看過程中的掙扎、逆境、波折、失望，這些都是在抵達目的地之前所必須經歷的遭遇。

第十一章：保持好奇，不怕嘗試

1. 欲知更多有關唐‧班奈特攀登雷尼爾山的資訊，請參考 James M. Kouzes and Barry Z. Posner, *The Leadership Challenge: How to Make Extraordinary Things Happen.* 5th ed. (San Francisco: The Leadership Challenge, A Wiley Brand, 2012), 189-190.

2. Thomas S. Bateman and J. Michael Crant, "The Proactive Component of Organizational Behavior: Measures and Correlates," *Journal of Organizational Behavior* 14, no. 2 (1993): 103-118. See also Leadership, Gender and National Culture" (paper presented at the Western Academy of Management, Santa Fe, NM, March 2002).

3. J. Michael Crant, "The Proactive Personality Scale and Objective Job Performance among Real Estate Agents," *Journal of Applied Psychology* 80, no. 4 (1995): 532-537.

4. Jeffery A. Thompson, "Proactive Personality and Job Performance: A Social Capital Perspective," *Journal of Applied Psychology* 90, no. 5 (2005): 1011-1017.

5. Brian Grazer and Charles Fishman, *A Curious Mind: The Secret to a Bigger Life* (New York: Simon & Schuster, 2015), xii.

6. 同上。

7. 同上，188-189。

8. 同上，260。

9. J. K. Rowling, *Very Good Lives: The Fringe Benefits of Failure and Importance of Imagination* (New York: Little, Brown, 2008), 34.

10. James M. Kouzes and Barry Z. Posner, *The Leadership Challenge,* 4th

ed. (San Francisco: Jossey-Bass, 2007), 194-195.

11. 如果在點子的發想上，你需要協助，可以從以下這本書裡找到很多點子，它們都被歸納成三十種領導統御的行為：James M. Kouzes and Barry Z. Posner, with Elaine Biech, *A Coach's Guide to Developing Exemplary Leaders: Making the Most of* The Leadership Challenge *and the* Leadership Practices Inventory (*LPI*) (San Francisco: Pfeiffer, 2010).

第十二章：拿出恆毅力，保持韌性

1. Angela Lee Duckworth, "The Key to Success? Grit," TED, May 2013, www.ted.com/talks/angela_lee_duckworth_the_key_to_success_grit/transcript?language=en.

2. Angela Lee Duckworth, Christopher Peterson, Michael D. Matthews, and Dennis R. Kelly, "Personality Processes and Individual Differences: Grit; Perseverance and Passion for Long-Term Goals," *Journal of Personality and Social Psychology* 92, no. 6 (2007): 1087-1088.

3. 比如說，請參考 Lauren Eskrieis-Winkler, Elizabeth P. Shulman, Scott A. Beal, and Angela Lee Duckworth, "The Grit Effect: Predicting Retention in the Military, the Workplace, School, and Marriage," *Frontiers in Psychology* 5, no. 36 (2014): 1-12; Angela Lee Duckworth, Patrick D. Quinn, and Martin E. P. Seligman, "Positive Predictors of Teacher Effectiveness," *Journal of Positive Psychology* 4, no 6 (2009): 540-547; and Angela Lee Duckworth, Teri A. Kirbyu, Eli Tsukayama, Heather Berstein, and K. Anders Ericsson, "Deliberate Practice Spells Success: Why Grittier Competitors Triumph at the National Spelling Bee," *Social Psychology & Personality Science* 2, no.2 (2011): 174-81.

4. Yahoo! Sports, "Sky the Limit for Towering Knicks Rookie Porzingis," December 2015, http://sports.yahoo.com/news/sky-the-limit-for-towering-knicks-rookie-porzingis-215200553.html.

5. Laura W. Geller, "Angela Duckworth's Gritty View of Success,"

Strategy+Business (Spring 2014): 15-17.

6. Duckworth, "Key to Success?"

7. Salvatore R. Maddi, Michael D. Matthews, Dennis R. Kelly, Brandilynn Villarreal, and Marina White, "The Role of Hardiness and Grit in Predicting Performance and Retention of USMA Cadets, "*Military Psychology* 24, no. 1 (2012): 12-28; John P. Meriac, John S. Slifka, and Lauren R. LaBat, "Work Ethic and Grit: An Examination of Empirical Redundancy," *Personality and Individual Differences* 86 (2015): 401-405.

8. 欲知過去所做過的心理韌性研究，請參考 Salvatore R. Maddi, "The Story of Hardiness: Twenty Years of Theorizing, Research, and Practice," *Consulting Psychology Journal: Practices and Research* 54, no. 3 (2002): 175-185. 另請參考 Salvatore R. Maddi and Suzanne C. Kobasa. 1984. *The Hardy Executive: Health Under Stress* (Chicago: Dorsey Professional Books, 1984); and Salvatore R. Maddi and Deborah M. Khoshaba, *Resilience at Work: How to Succeed No Matter What Life Throws at You* (New York: AMACOM, 2005).

9. 詳情請參考 Reginald A. Bruce and Roberts F. Sinclair, "Exploring the Psychological Hardiness of Entrepreneurs," *Frontiers of Entrepreneurship Research* 29, no. 6 (2009): n.p.; Paul T. Bartone, Robert R. Roland, James J. Picano, and Thomas J. Williams, "Psychological Hardiness Predicts Success in US Army Special Forces Candidates," *International Journal of Selection and Assessmenti 16,* no. 1 (2008): 78-81; and Paul T. Bartone, "Resilience Under Military Operational Stress: Can Leaders Influence Hardiness?" *Military Psychology* 18 (2006): S141-S148.

10. Maddi 以及其他人，"Role of Hardiness."

11. Fred Luthans, Gretchen R. Vogelgesang, and Paul B. Lester, "Developing the Psychological Capital of Resiliency," *Human Resource Development Review* 5, no. 1 (2006): 25-44.

12. Martin E. P. Seligman, "Building Resilience," *Harvard Business Review,* April 2011, 101-106.

13. Seligman, "Building Resilience," 102.

14. 這部分我們在以下這本書裡有更多著墨：James M. Kouzes and Barry Z. Posner, *Turning Adversity Into Opportunity* (San Francisco: Jossey-Bass, 2014).

15. Barbara L. Fredrickson, *Positivity: Groundbreaking Research Reveals How to Embrace the Hidden Strength of Positive Emotions, Overcome Negativity, and Thrive* (New York: Crown, 2009).

16. 例如請參考 Amid Sood, *The Mayo Clinic Guide to Stress-Free Living* (Boston: Da Capo Press, 2013).

第十三章：勇氣給你成長的力量

1. 有關勇氣以及它對領導力的影響這方面的議題，我們在我們的著作裡著墨甚多：*A Leader's Legacy* (San Francisco: Jossey-Bass, 2006)。另請參考 Bill Treasurer, *Courage Goes to Work: How to Build Backbones, Boost Performance, and Get Results*（San Francisco: Berrett-Koehler Publishers, 2008)。

2. Eleanor Roosevelt, *You Learn by Living: Eleven Keys for a More Fulfilling Life,* 50th anniversary ed (New York: Harper Perennial, 2011), 29-30.

3. 區分一下大膽（bravery）和勇氣（courage）這兩者的不同，或許會有點幫助，它們的不同多半在於它們與恐懼之間的關係。所謂的大膽是指你在面對痛苦、危險和困境時，沒有任何一絲恐懼。但另一方面來說，勇氣指的卻是你雖然恐懼，但仍付諸行動。勇氣不同於大膽的地方在於它是一種可以引發行動的思想狀態，有某個目標在推動它，以致於整個奮鬥過程會讓你覺得很值得。也因此勇氣會比大膽更需要費心，你必須判斷你的未來處境以及為何這件事如此重要。至於大膽一般來說是比較偏向天生的個性，跟意識思維沒什麼

關係。可是近來,這兩者常被互換使用。

4. 在某研究調查裡的兩百五十名受訪者當中,有兩百四十三名在被問到「你會如何以非勇氣的態度來回應那個處境?」這個問題時,都說他們可以採取別的行動,通常是比較輕鬆的行動。Cynthia L. S. Pury, Robin M. Kowalski, and Jana Spearman, "Distinctions between General and Personal Courage," *Journal of Positive Psychology* 2, no. 2 (2007): 99-114.

5. 比如說,請參考 Shawn Achor, *Before Happiness: The 5 Hidden Keys to Achieving Success, Spreading Happiness, and Sustaining Positive Change* (New York: Crown Business, 2013)。

6. 引自 Margie Warrell, *Stop Playing Safe: Rethink Risk. Unlock the Power of Courage. Achieve Outstanding Success* (Melbourne, Australia: John Wiley & Sons, 2013), 232。

7. Warrell, *Stop Playing Safe*, 232.

8. 同上。

9. 引自 Warrell, *Stop Playing Safe*, 232.

10. 在我們的教學、訓練和輔導裡,我們都是使用《領導統御實務要領目錄》做為評量領導者行為和提供意見反饋的工具。請參考 James M. Kouzes and Barry Z. Posner, *Leadership Practices Inventory*, 4th ed. (San Francisco: Pfeiffer, 2012)。

11. Cynthia L. S. Pury, C. Starkey, W. Hawkins, L. Weber, and S. Saylors, "A Cognitive Appraisal Model of Courage" (paper presented at the First World Congress on Positive Psychology, Philadelphia, June 2009).

第十四章:如果沒有你們,我根本辦不到

1. Red Bull, "Red Bull Air Race," accessed November 21, 2015, www.redbullirrace.com/en_US.

2. 想一窺跟這些議題有關的個人深入看法,尤其應用在博士身上,請參考 Atul Gawande, "Personal Best: Top Athletes and Singers Have

Coaches. Should You?" *New Yorker,* October 3, 2011, www.newyorker. com/magazine/2011/10/03/personal-best.

3. Scott Barry Kaufman, "Which Character Strengths Are Most Predictive of Well-Being?" *Beautiful Minds* (blog), August 2, 2015, http://strengths-are-most-predictive-of-well-being.

4. Brandon Bustered, "The Two Most Important Questions for Graudates," Gallup, June 12, 2015, www.gallup.com/opinion/gallup/183599/two-important-questions-graduates.asp.

5. Benjamin S. Bloom, ed., *Developing Talent in Young People* (New York: Ballantine Books, 1985), 3.

6. George E. Vaillant, *Triumphs of Experience: The Men of the Harvard Grant Study* (Cambridge, MA: Bklknap Press, 2012), 27. 另 請 參 考 Joshua Wolf Shenk, "What Makes Happy?" *The Atlantic,* June 2009, www.theatlantic.com/magazine/print/2009/06/what-makes-us-happy/7439.

7. Richard D. Cotten, Yan Shen, and Reut Livne-Tarandach, "On Becoming Extraordinary: The Content and Structure of the Developmental Networks of Major League Baseball Hall of Farmers," *Academy of Management Journal* 53, no. 1 (2011): 15-46.

8. Leigh Gallagher and Daniel Roberts, "The Best Advice I Ever Got," *Fortune,* October 1, 2015, 109.

9. Francis J. Flynn and Vanessa K. B. Lake, "If You Need Help, Just Ask: Underestimating Compliance with Direct Requests for Help," *Journal of Personality and Social Psychology* 95, no. 1 (2008).

10. Allison Wood Brooks, Francesca Gino, and Maurice E. Schweitzer, "Smart People Ask for (My) Help: Seeking Advice Boosts Perceptions of Competence," *Management Science* 61, no. 6 (2015): 1431, http://dx.doi.org/10-1287/mnsc.2014.2054. Emphasis in original.

11. Ernest J. Wilson, III, "Empathy Is Still Lacking in the Leaders Who

Need It Most," *Harvard Business Review Blog,* September 21, 2015, https://hbr.org/2015/09/empathy-is-still-lacking-in-the-leaders-who-need-it-most. 他也指稱：有一份仍未發表的研究報告是針對過去十年來的畢業生所做的，如今他們已經在各自的專業領域上擁有一片天，根據這份報告，在中階經理和高級主管當中，是最欠缺同理心的：他們也是最需要同理心的一群人，因為他們的行動影響的人數眾多。

12. Geoff Colvin, *Humans Are Underrated: What High Achievers Know That Brilliant Machines Never Will* (New York: Portfolio, 2015), 49.

第十五章：建立關係

1. 還有一些其他的代表性說法：「我是邊做邊學，犯了很多的錯。」「不斷累積好的經驗和壞的經驗。」「不斷在我的事業生涯裡尋找挑戰性任務。」「嘗試新的技術，看管不管用。」「熟能生巧，我會從嘗試成功和嘗試失敗裡學習。」

2. 其他典型說法還有「試著去模仿我很尊敬的人。」「從良師益友身上學習。」「觀察經理，看他的什麼作為奏效，什麼作為不管用。」「觀察別人，表現出巴不得是他們在帶我。」「向我很敬佩的領導者尋求建言和指導。」「仿效偉大的領導者。」「觀察別人，每種情境都有我可以學習的地方。」

3. 蘇珊·坎恩認為人們常看輕內向者，因為這樣，內向者通常很吃虧。請參考她的著作，書中有很多內向者也同時是不凡領導者的故事：Susan Cain, *Quiet: The Power of Introverts in a World That Can't Stop Talking*（New York: Broadway Books, 2013）。欲知更多有關內向領導者的故事，請參考以下網址 www.quietrev.com。

4. Brian Grazer and Charles Fishman, *A Curious Mind: The Secret to a Bigger Life* (New York: Simon & Schuster, 2015), 22.

5. 有關社會性資本這方面的詳細討論，請參考 Robert D. Putnam, *Bowling Alone: The Collapse and Revival of American Community* (New

York: Simon & Schuster, 2001)。另請參考 Malcolm Gladwell, *The Tipping Point: How Little Things Can Make a Big Difference* (Boston: Back Bay Books, 2002)。欲知社會性資本研究對商業世界的實際運用，請參考 Wayne E. Baker, *Achieving Success Through Social Capital: Tapping the Hidden Resources in Your Personal and Business Networks,* University of Michigan Business Management Series (San Francisco: Jossey-Bass, 2000)。

6. 比如說，請參考 Matthew D. Lieberman, *Social: Why Our Brains Are Wired to Connect* (New York: Crown Publishers, 2013) and Frans de Waal, *The Age of Empathy: Nature's Lessons for a Kinder Society* (New York: Three Rivers Press, 2009). 另請參考 Nicholas A. Christakis and James M. Fowler, *Connected: How Your Friends' Friends' Friends Affet Everything You Feel, Think, and Do* (Boston: Back Bay Books, 2011)。

7. James M. Citrin, "What Parents Should Tell Their Kids About Finding a Career," *Harvard Business Review Blog,* May 15, 2015, https://hbr.org/2015/05/what-parents-should-tell-their-kids-about-finding-a-career.

8. Cheryl L. Carmichael, Hary T. Reis, and Paul R. Duberstein, "In Your 20s It's Quantity, in Your 30s It's Quality: The Prognostic Values of Social Activity across 30 Years of Adulthood," *Psychology and Aging 30,* no. 1 (2015): 95-105.

9. Jane E. Dutton, "Building High-Quality Connections," in *How to Be a Positive Leader: Small Actions, Big Impact,* ed. Jane E. Dutton and Gretchen Spreitzer (San Francisco: Berrett-Koehler Publishers, 2014), 11-21.

10. 你的私人董事會不像公司的董事會需要碰面開會。但對有些人來說，有機會可以和志同道合又有才華的人互動，或許也是他們願意加入你的董事會的原因之一。

第十六章：少了意見回饋，你就無法成長

1. 欲知這種效應，請參考 Vera Hoorens, "Self-Enhancement and Superiority Biases in Social Companions," *European Review of Social Psychology* 4, no. 1 (1993): 113-139, doi: 10.1080/14792779343000040。在非西方文化裡，也有這類發現，比如說，請參考 Jonathon D. Brown and Chihiro Kobayashi, "Self-Enhancement in Japan and America," *Asian Journal of Social Psychology* 5 (2002): 145-167.

2. K. Patricia Cross, "Not Can, but *Will* College Teaching Be Improved?" *New Directions for Higher Education* 17 (1977): 1-15.

3. Allstate, "New Allstate Survey Shows Americans Think They Are Great Drivers-Habits Tell a Different Story," November 3, 2011, www.allstatenewsroom.com/channels/News-Release/releases/new-allstate-survey-shows-americans-think-they-are-great-drivers-habits-tell-a-different-story-6/.

4. David M. Messick, Suzanne Bloom, Janet P. Boldizar, and Charles D. Samuelson, "Why We Are Fairer than Others," *Journal of Experimental Social Psychology* 21, no. 5 (1985): 480-500.

5. Erich C. Dierdorff and Robert S. Rubin, "Research: We're Not Very Self-Aware, Especially at Work," *Harvard Business Review Blog,* March 13, 2015, https://hbr.org/2015/03/research-were-not-very-self-aware-especially-at-work.

6. Barry Z. Posner, "Understanding the Learning Tactics of College Students and Their Relationship to Leadership," *Leadership & Organization Development Journal* 30, no. 4 (2009): 386-395; Lillas M. Brown and Barry Z. Posner, "Exploring the Relationship Between Learning and Leadership," *Leadership & Organization Development Journal* 22, no. 6 (2001): 274-280.

7. James M. Kouzes and Barry Z. Posner, "To Get Honest Feedback,

Leaders Need to Ask," *Harvard Business Review Blog,* February 27, 2014, https://hbr.org/2014/02/to-get-honest-feedback-leaders-need-to-ask.

8. James M. Kouzes and Barry Z. Posner, *The Leadership Practices Inventory,* 4the ed. (San Francisco: Pfeiffer, 2012).

9. 明確地說，從領導者（本人）和觀察員的角度去看 LPI 裡三十種領導行為的任何一種行為，就屬這個說法的意見分歧最大，看法最不一。

10. Douglas Stone and Sheila Heen, *Thanks for the Feedback: The Science and Art of Receiving Feedback Well* (New York: Penguin Group, 2014).

11. Jack Zenger and Joseph Folkman, "Your Employees Want the Negative Feedback You Hate to Give," *Harvard Business Review Blog,* January 2014, http://blogs/hbr.org/2014/01/your-employees-want-the-negative-feedback-you-hate-to-give.

12. Stone and Heen, *Thanks for the Feedback,* 196-197.

13. 為了對這位突然不幸過世的同僚與領導者表示尊重，在此我們使用的是化名。他的經驗和領導行為都真實無誤。

14. John W. Gardner, "Uncritical Lovers--Unloving Critics" (commencement speech presented at Cornell University, Ithaca, NY, June 1, 1968).

第十七章：領導力需要練習，練習需要時間

1. James Clear, "Lesson on Success and Deliberate Practice from Mozart, Picasso, and Kobe Bryant," June 9, 2015, http://jamesclear.com/deliberate-practice.

2. K. Anders Ericsson, Michael J. Prietula, and Edward T. Cokely, "The Making of an Expert," *Harvard Business Review,* July/August 2007, 3.

3. Cal Newport, *So Good They Can't Ignore You: Why Skills Trump Passion in the Quest for Work You Love* (New York: Grand Central Publishing, 2012), 33.

4. Piers Steel, *The Procrastination Equation: How to Stop Putting Things Off and Start Getting Stuff Done* (New York: HarpnerCollins, 2011), 129.

5. 這個數字是因為以下這本書才被宣揚開來：Malcolm Gladwell, *Outliers: The Story of Success* (New York: Little, Brown, 2008)。最初是由佛州大學心理學教授 K. Anders Ericsson 針對審慎的練習進行了研究調查。請參考 K. Anders Ericsson, "The Influence of Experience and Deliberate Practice on the Development of Superior Expert Performance," in *The Cambridge Handbook of Expertise and Expert Performance,* ed. K. Anders Ericsson, Neil Charness, Paul J. Feltovich, and Robert R. Hoffman (New York: Cambridge University Press, 2006), 683-704。

6. George Leonard, *Mastery: The Keys to Success and Long-Term Fulfillment* (New York: Plume, 1992), 19.

7. 主動傾聽是一種結構性的回應方式，需要你簡短重述說話者的內容重點，並和說話者核對，以確保你聽到的內容無誤。

8. Ericsson, Prietula, and Cokely, "Making of an Expert," 3.

9. 援引自 Michael Jordan and Jonathan Hock, *Michael Jordan to the Max,* DVD, directed by Don Kempf and James D. Stern, Giant Screen Films, Evanston, Illinois, 2000.

10. Brian Brim, "Debunking Strengths Myth #1." *Gallup,* October 11, 2007, www.gallup.com/businesjournal/101665/Debunking-Strengths-Myths.aspx?g_source=Debunking%20Strengths%20Myth%20#1&g_medium=search&g_campaign=tiles.

11. 這是 Daniel Coyle 所提供的其中一個改進訣竅，他曾針對練習這件事做過廣泛的研究，於是想出了這個點子。請參考 Daniel Coyle, *The Little Book of Talent: 52 Tips for Improving Your Skills* (New York: Bantam Books, 2012), 45。欲知他在深度練習這方面的研究報告結果，請參考 Daniel Coyle, *The Talent Code: Greatness Isn't Born. It's Grown. Here's How* (New York: Bantam Books, 2009)。

第十八章：環境背景很重要

1. 我們是按照哈佛大學心理學教授 Ellen Langer 的形容方式來使用環境背景（context）這個字眼。欲知 Ellen 對環境背景的詳細說明，請參考 Ellen J. Langer, *Mindfulness,* 25th anniversary ed. (Boston: Da Capo Press, 2014), 37-43, 就我們的目的而言，*context* 等同於 *environment*。

2. Art Kleiner, "Ellen Langer on the Value of Mindfulness in Business," *Strategy+Business,* February 9, 2015, www.strategy-business.com/article /00310?gko=73023&cid=TL20150219&utm_campaign=TL20150219.

3. Langer, *Mindfulness,* 81. 你可以在以下這本著作裡，讀到其他有趣的實驗：Ellen J. Langer, *Counterclockwise: Mindful Health and the Power of Possibility* (New York: Ballantine Books, 2009)

4. Edgar H. Schein, *Organizational Culture and Leadership,* 4th ed. (San Francisco: Jossey-Bass, 2010), 24. Schein 對文化的正式定義是：一個團體的文化可以被定義成這個團體所學到的一種共通的基本假設模式，因為在解決外在適應和內部整合的種種問題上非常好用，大家都認為滿有效的，因此傳授給新的成員，要他們遇到這類相關問題時，就以這套標準模式去理解、思考和感覺。

5. 請參考 Delaney. N. d. *Why Fostering a Growth Mindset in Organizations Matters.* 2014. Accessed March 12, 2016. http://knowledge.senndelaney. com/docs/thought_papers/pdf/stanford_agilitystudy_hart.pdf.

6. 這個研究是在二〇一五年六月十八日的領導挑戰論壇（The Leadership Challenge Forum）做的，與會者是兩百二十五名領導統御的教育人員、訓練人員和指導人員。

7. Aon, *Aon Hewitt Top Companies for Leaders: Research Highlights 2015,* accessed February 6, 2016, www.aon.com/human-capital-consulting/thought-leadership/talent/aon-hweitt-top-companies-for-leaders-highlights-report.jsp. 調查機構 Hay Group 也在研究調查裡

發現，在領導統御方面做得最好的公司，會採用較積極主動、較有架構性的方法去培育人才。請參考 Hay Group, *Best Companies for Leadership 2014: Executive Summary,* 2014, https://www.haygroup.com/bestcompaniesforleadership/downloads/Bes_Companies_for_Leadership_2014_Executive_summary.pdf.

8. Sarah Houle and Kevin Campbell, "What High-Quality Job Candidates Look for in a Company," Gallup, January 4, 2016, www.gallup.com/businessjournal/187964/high-quality-job-candidates-look-company.aspx.

9. Matthias J. Guber, Bernard D. Gelman, and Charan Ranganath, "States of Curiosity Modulate Hippocampus-Dependent Learning via the Dopaminergic Circuit," *Neuron* 84, no. 2 (2014): 486-496.

10. Adam Bryant, "Jan Singer of Spanx: Using Votes to Guide a Group," Corner Office, *New York Times,* September 26, 2015, www.nytime.com/2015/09/27/business/jan-singer-of-spanx-using-votes-to-guide-a-group.html?ref=business.

11. 你可以上 www.leadershipchallenge.com/lpi-trial.aspx 免費試用一下 Leadership Practices Inventory-Self。

第十九章：領導力的學習必須成為每天的習慣

1. Jim Whittaker, *A Life on the Edge: Memories of Everest and Beyond,* 50th anniversary ed. (Seattle: Mountaineers Books, 2013), 16.

2. Harry M. Jansen Kraemer Jr., *From Values to Action: The Four Principles of Values-Based Leadership* (San Francisco: Jossey-Bass, 2011), 15.

3. Harry. Jansen Kraemer Jr., *Becoming the Best: Build a World-Class Organization Through Values-Based Leadership* (Hoboken, NJ: John Wiley& Sons, 2015), 12.

4. Lewis Howes, *The School of Greatness: A Real-World Guide to Living Bigger, Loving Deeper, and Leaving a Legacy* (New York: Rodale,

2015). 強調處同原文。

5. Howes, *School of Greatness,* 161.

6. 同上，163-164。

7. Charles Duhigg, *The Power of Habit: Why We Do What We Do in Life and in Business* (New York: Random House, 2012), 19.

8. Duhigg, *Power of Habit,* 62。在該書的附錄 "A Reader's Guide to Using These Ideas," 275-286，會有指南教你如何實驗各種方法來改變習慣和培養習慣。

9. Gretchen Rubin, *Better Than Before: Mastering the Habits of Our Everyday Lives* (New York: Crown Publishers, 2015)., xi.

10. Teresa Amabile and Steven Kramer, *The Progress Principles: Using Small Wins to Ignite Joy, Engagement, and Creativity at Work.*

11. Marshall Goldsmith and Mark Reiter, *Triggers: Creating Behavior That Lasts- Becoming the Person You Want to Be* (New York: Crown Business, 2015), 103.

12. Goldsmith and Reiter, *Triggers,* 103.

13. 同上，109-110.

第二十章：重點不在於如何開始，而在於如何結束

1. James M. Kouzes, and Barry Z. Posner, *Credibility: How Leaders Gain and Lose It, Why People Demand It,* 2nd ed. (San Francisco: Jossey-Bass, 2011).

2. Teresa Amabile and Steven J. Kramer, "The Power of Small Wins," *Harvard Business Review,* May 2011, https://hbr.org/2011/05/the-power-of-small-wins. 欲知這方面的更多論述，請參考 Teresa Amabile and Steven Kramer, *The Progress Principles: Using Small Wins to Ignite Joy, Engagement, and Creativity at work* (Boston: Harvard Business Review Press, 2011).

3. Amabile and Kramer, "Power of Small Wins."

4. Max H. Bazerman and Margaret A. Neale, *Negotiating Rationally* (New York: Free Press, 1992).

5. C. R. Snyder, *The Psychology of Hope: You Can Get Here from There* (New York: Free Press, 2003), 5.

6. Snyder, *Psychology of Hopes,* 5-12.

7. 同上 , 25。

感謝文

　　在出版界，書裡這段供作者向每一個人致謝的文字，在傳統上被稱之為「感謝文」。可是感謝這二字尚不足以表達我們的謝意。回想那些曾經參與其中作業的夥伴時，才發現感恩這兩個字更能表達我們真正的感受，這些共事夥伴才華橫溢、工作賣力、為我們帶來啟發與鼓舞，唯有感恩這二字才能捕捉到我們對他們溢於言表的感謝與欣賞之意。他們不吝鼓勵我們、支持我們，從旁提點、啟迪，促成各種可能。

　　首先出現在我們名單上的是十位年輕的領導者，他們在各章節的手稿階段接受訪問，提供我們無比珍貴的意見回饋，暢言他們喜歡哪個部分以及他們認為需要改善的地方。我們要把這本書獻給他們，再次謝謝他們一路以來的協助。他們是Travis Carrigan、Amanda Crowell、Abby Donahue、Garrett Jensen、Amelia Klawon、David Klawon、Armeen Komeili、Nick Lopez、Amanda Posner和William J. Stribling。

　　我們的作品特色在於我們會蒐集真實世界裡領導者的第一手故事。《模範領導的養成》這本書也延續了這個做法。書裡提到的個人真實經驗超過四十則，他們大方地分享他們的經驗與所學教訓，為此我們也要表達感恩之意（不只是感謝而已）。他們的例子讓書

中描述的各種原則和基礎變得栩栩如生。

我們合作的出版商 John Wiley & Sons 人才輩出，我們要致上感恩之意。先從我們的編輯 Jeanenne Ray 開始，本書的手稿從編輯到付印生產，都是由她一手策畫指導。若是沒有她，這本書根本不可能送到你的手上。Judy Howarth 是我們的企畫編輯和文字編輯，我們的文章在她的指導和文筆潤飾下，變得更有條理和有重點。Brosius 則透過編輯過程，技巧性地導引了整本書稿。在宣傳人員 Sadhika Salariya 的協助下，我們才能把主要訊息傳遞給我們的讀者群。此外，我們也很感恩能與諮詢顧問公司 Workplace Learning Solutions 的產品經理 Marisa Kelley 合作，感謝她始終支持將「模範領導」這個品牌不斷向全球市場推廣。我們也要對社長 Matt Holt 和副社長 Shannon Vargo 公開致上謝意，謝謝他們為我們掌舵，我們才能橫渡出版界這片波濤洶湧、千變萬化的汪洋。

研究調查和寫作需要花時間 —— 花時間去思考、反省、下筆、修訂和編輯，然後再一次思考、反省、下筆、修訂和編輯。這些寶貴的時間都是我們從賢內助那裡偷來的，感謝她們到現在都還對我們不離不棄。她們有時會鞭策我們，有時會告訴我們該休息了，而且還經常從自己的專業經驗裡提供額外的點子，讓我們的作品更上一層樓。我們要向 Tae Kyung Kouzes 和 Jackie Schmidt-Posner 致上最深的感恩之意，謝謝她們的愛、她們的鼓勵、她們的犧牲與她們的慈悲。她們是我們的私人教練，也是我們的良師與最好的朋友，更是最無私的支持者，沒有她們，我們恐怕一個字都寫不出來。

關於作者

　　詹姆士・庫塞基（James M. Kouzes）和貝瑞・波斯納（Barry Z. Posner）合作共事了三十幾年，他們研究領導者，調查領導力，召開領導力開發研討會，也親自擔任各種領導者的角色。他們是屢屢獲獎的暢銷書《模範領導》的合著作者，這本書已經發行到第五版。從一九八七年初版以來，《模範領導》的全球銷售量已超過兩百萬本，被翻譯成二十一種語言，贏得數不清的獎項，包括來自全美書評編輯的傑出評論家獎（Critics' Choice Award）以及詹姆斯漢彌頓醫院管理者的年度好書獎（James A. Hamilton Hospital Administrators' Book of the Year Award）；並被美國《高速企業》雜誌（*Fast Company*）評比為（2012年）年度最佳商業書籍；更在傑克・柯弗特和陶德・薩特斯坦（Jack Covert and Todd Sattersten）的著作《不必多花錢，也有競爭力》（*The 100 Best Business Books of All Time*）裡，被評選為領導類的十大好書。

　　詹姆士和貝瑞合著過的得獎書籍不下十幾本，包括 《領導統御的真相》（*The Truth About Leadership: The No-Fads, Heart-of-the-Matter Facts You Need to Know*）；《信譽》（*Credibility: How Leaders Gain and Lose It, Why People Demand It*）；《鼓舞人心》（*Encouraging the Heart: A Leader's Guide to Rewarding and Recognizing Others*）；《領導者的

典範傳承》（A *Leader's Legacy*）；《學生版模範領導》（*The Student Leadership Challenge*）；《在澳洲和紐西蘭的非常領導力》（*Extraordinary Leadership in Australia and Zealand: The Five Practices That Create Great Workplace*，與 Michael Bunting 合著）；《將逆境轉為契機》（*Turning Adversity into Opportunity*）；《找到領導的勇氣》（*Finding the Courage to Lead*）；《偉大的領導創造偉大的工作職場》（*Great Leadership Creates Great Workplace*）；《在亞洲成就非常之事》（*Making Extraordinary Things Happen in Asia: Applying The Five Practices of Exemplary Leadership*，與 Steve DeKrey 合著）；以及《學術管理者的模範領導指南》（*The Academic Administrator's Guide to Exemplary Leadership*）。

他們也開發出備受好評的領導統御實務要領目錄（簡稱 LPI），這是一種三百六十度的問卷，可用來評估領導行為，它是全球最被廣泛使用的領導評估工具之一。超過七百種以上的研究調查、博士論文和學術報告曾採用他們所開發的模範領導五大實務要領架構。

詹姆士和貝瑞曾榮獲人才培育協會（Association for Talent Development）所頒發的最高獎項，肯定他們對工作職場學習和績效的傑出貢獻。除此之外，他們曾被國際工商經營研究社（International Management Council）點名為年度管理/領導教育家（Management/Leadership Educator of the Year）；並躋身《領導卓越》雜誌（*Leadership Excellence*）前百大思想領袖（Top 100 Thought Leaders）的前二十名；被稱為是全美前五十大頂尖教練

構健寶園（Gymboree）、惠普電腦公司、IBM電腦公司、瑞典家居賣場IKEA、新加坡就業網站（JobsDB Singapore）、嬌生公司、凱澤健康計畫基金會暨醫院（Kaiser Foundation Health Plans and Hospitals）、韓國管理協會（Korean Management Association）、英特爾、伊塔烏聯合銀行（Itau Unibaco）、每國知名戶外用品公司L.L.Bean、勞倫斯利福摩爾國家實驗室（Lawrence Livermore National Laboratory）、美國航空航太製造商Lockheed Martin、露西派克兒童醫院（Lucile Packard Children's Hospital）、默克大藥廠（Merck）、美國農業生物科技公司孟山都、摩托羅拉電信設備製造商、專事兒童教育的美國非營利組織National Head Start Association、美國全國保險公司（Nationwide Insurance）、美國上市科技公司網路機械（NetApp）、全球第四大軍工生產商諾格公司（Northrop Grumman）、諾華製藥生物技術公司（Novartis）、輝達半導體公司（Nvidia）、全球大型資料庫公司甲骨文、馬來西亞國家石油（Petronas）、皮克斯動畫工作室、羅氏生物科技公司（Roche Bioscience）、澳大利亞電信（Telstra）、西門子家電（Siemens）、矽谷銀行（Silicon Valley Bank）、3M、德州醫學中心（Texas Medical Center）、美國教師退休基金會（TIAA-CREF）、豐田汽車、美國聯合勸募（United Way）、奧蘭多環球影城（Universal Orlando）、聯合服務汽車協會（USAA）、美國行動網路營運商威訊無線（Verizon）、威士國際組織（Visa）、英國跨國電信公司沃德豐（Vodafone）、迪士尼公司（Walt Disney Company）、澳洲西部礦業公司（Western Mining Corporation）和西

太平洋銀行（Westpac）。他們的校園演講已經超過六十場。

詹姆士．庫塞基是聖塔克拉拉大學（Santa Clara University）李維商學院（Leavey School）的領導力執行院士，在世界各地的企業機構、政府機關和非營利組織都開辦過領導力講座。他是備受尊崇的領導力學者，也是經驗老到的主管。《華爾街日報》將他列名為全美十二位最佳主管培育者之一。二〇一〇年，詹姆士獲頒教學系統協會（Instructional Systems Association）所設置的思想領導獎（Though Leadership Award），這也是培訓發展產業同業公會所能給予的最高榮譽。他被《人力資源》雜誌列名在二〇一〇年最具影響力的國際思想家排行榜裡，並持續到二〇一二年為止。他也被全美信任協會列名為二〇一〇年商業行為可靠的前百大思想領袖之一，直到二〇一六年為止，並於二〇一五年得到該協會的終身成就獎。企業主管教練協會（Association of Corporate Executive Coaches）推舉他是二〇一五年卓越國際主管教練思想領導者（the 2015 International Executive Coach Thought Leader of Distinction），並被全球大師協會（Global Gurus）推選為二〇一五年排名前三十的領導統御大師之一（the Top 30 Leadership Gurus in 2015）。二〇一六年，他獲頒金鎚獎（Golden Gaven），這是國際會議主持人協會（Toastmaster International）所給予的最高榮耀。一九八八年到二〇〇〇年，詹姆士曾任湯姆．彼得斯公司（Tom Peters Company）的總經理、執行長和董事長，在這之前，曾是聖塔克拉拉大學高階主管培訓中心（Executive Development Center）的主任（1981-

1988）。詹姆士曾在聖荷西州立大學創立人類服務發展聯合中心（Joint Center for Human Services Development）（1972-1980），也曾在德州大學社工學院（School of Social Work）任職服務。他的培訓發展事業始於一九六九年，當時他是社區行動辦公室（Community Action Agency）的職員，為消除貧窮活動的志工們開辦研討會。詹姆士自密西根州立大學畢業之後（政治學榮譽學士學位），就到和平工作隊（Peace Corps）擔任志工（1967-1969）。要聯絡詹姆士，請寫信至電子信箱jim@kouzes.com。

貝瑞・波斯納是聖塔克拉拉大學李維學院的領導學特聘教授，任職院長十二年，也是香港科技大學、土耳其伊斯坦布爾（Istanbul）薩班大學（Sabanci University）及西澳大學（University of Western Australia）著名的客座教授。在聖塔克拉拉期間，他曾獲頒卓越教職人員總統獎（the President's Distinguished Faculty Award）、傑出教職人員學院獎（the School's Extraordinary Faculty Award），以及其他幾項教學性和學術性的榮譽獎項。國際經營工商研究社曾公開指名貝瑞在他的國家裡是最頂尖的管理學／領導學教育家，也被公認是全美排名前五十的領導統御教練以及商業思想可靠的前百大思想領袖，更被認定是全世界最具影響力的人力資源思想家（the Most Influential HR Thinkers），並曾被《企業》雜誌列為全球頂尖領導力和管理學專家之一（The Top Leadership and Management Experts）。身為國際知名學者和教育家的貝瑞，曾寫過或合著過一百多本的研究論文和專業論文。他目前是《領導力與組織發展期

刊》（*Leadership & Organizational Development Journal*）和《僕人式
領導國際期刊》（*International Journal of Servant-Leadership*）的編輯
顧問委員會成員，曾獲頒《管理探究期刊》（*Journal of Management
Inquiry*）的事業成就傑出學者獎（Outstanding Scholar Award for
Career Achievement）。

　　貝瑞在加州大學聖塔芭芭拉分校取得政治學榮譽學士學位，他
的公共行政碩士是在俄亥俄州立大學取得，組織行為和行政管理理
論博士學位則在麻州大學安姆斯特分校（University of Massachusetts
Amherst）取得。貝瑞曾在全球各行各業的公營和民營機構擔任顧
問，此外也和數家社群化的專業組織在策略層面上有合作關係。他
任職過的組織包括諮詢機構EMQ FamiliesFirst的董事會、全球女性
領導力網絡組織（the Global Women's Leadership Network）、美國
建築師學會（American Institute of Architect，簡稱AIA）、專職青少
年義務輔導的非營利組織聖塔克拉拉郡大哥大姐會（Big Brothers/
Big Sisters of Santa Clara County）、非營利組織卓越中心（Center
for Excellence in Nonprofits）、矽谷和蒙特利灣國際青年成就組
織（Junior Achievement of Silicon Valley and Monterey Bay）、非營
利組織公共聯盟（Public Allies）、聖荷西藝術表演劇場（San Jose
Repertory Theater）、兄弟會組織Sigma Phi Epsilon Fraternity，以及
一些公開交易和新成立的公司。要聯絡貝瑞，請寫信至電子信箱
bposner@scu.edu。